计算机科学学术文库·计算机系统结构

固态盘I/O优化技术研究

李红艳　著

Research on I/O
Optimization Technology
Based on Solid State Disk

华中科技大学出版社
http://www.hustp.com

图书在版编目(CIP)数据

固态盘I/O优化技术研究/李红艳著. —武汉：华中科技大学出版社，2017.3
ISBN 978-7-5680-2514-0

Ⅰ.①固… Ⅱ.①李… Ⅲ.①大容量存贮器-研究 Ⅳ.①TP333.2

中国版本图书馆 CIP 数据核字(2017)第 017988 号

固态盘 I/O 优化技术研究　　　　　　　　　　　　　　　　　李红艳　著
Gutaipan I/O Youhua Jishu Yanjiu

策划编辑：王汉江
责任编辑：熊　慧
封面设计：范翠璇
责任校对：李　琴
责任监印：周治超
出版发行：华中科技大学出版社(中国·武汉)　　电话：(027)81321913
　　　　　武汉市东湖新技术开发区华工科技园　　邮编：430223
录　　排：华中科技大学惠友文印中心
印　　刷：武汉鑫昶文化有限公司
开　　本：710mm×1000mm　1/16
印　　张：10.5　插页：1
字　　数：206 千字
版　　次：2017 年 3 月第 1 版第 1 次印刷
定　　价：38.00 元

前　言

当今时代,信息技术已经融入人类生活的方方面面,社会各个行业领域都离不开各种信息化服务、应用及海量数据的支持,并继续推动各种信息数据的容量和类型的迅猛增长,以及计算机系统的规模和性能的不断提升、种类的不断增多。随着大数据应用的日益广泛普及,越来越多的数据量在越来越短的时间窗口内在各类应用中产生。这些海量数据给高性能存储系统容量带来了巨大的挑战。

由传统的机械硬盘(hard disk drive,HDD)构成的存储系统的 I/O 性能长期以来一直是整个计算机系统的性能瓶颈。近年来,基于闪存(flash memory)的固态盘(solid state drive,SSD)技术得到了很大突破。与机械硬盘不同,固态盘是基于半导体芯片构成的,没有机械部件,因此具有高可靠性、高性能、低功耗、非易失等显著优势,成为未来替代传统机械硬盘的新型存储设备,有望消除存储系统的 I/O 性能瓶颈,从而给存储系统带来根本性变革。随着固态盘硬件技术的不断进步,闪存芯片的价格也逐年下降,使得基于闪存的固态盘得以广泛应用。例如,现在已经有不少笔记本电脑采用固态盘来加快系统启动、优化 I/O 性能,并同时使笔记本具有速度快、耐用、防振、无噪声、低功耗等优点。

固态盘具有明显的性能优势,因此,随着半导体技术的愈加成熟及固态盘在存储系统中的应用越来越广泛和重要,研究针对固态盘的 I/O 优化技术,提高固态盘存储系统 I/O 性能和可靠性,降低系统能耗,具有重要意义。

本书从以下几个方面针对固态盘的 I/O 优化技术展开研究,提高其可靠性及性能,同时降低系统能耗。

(1)设计并实现了三种元数据管理方法,其中两种是简单的基于 MySQL 数据库实现的(DIR_MySQL 和 OPT_MySQL),而另一种是根据应用特点而设计的(META_CDP)。实验结果表明,META_CDP 比其他两种方法效率要高很多,而且其性能也是在可接受范围内。除此之外,还详细讨论了两种不同的恢复算法,即全量恢复和增量恢复,用户可以根据所需要恢复的目标时间点信息选择其中一种以达到最佳的恢复速度。

(2)提出了一种新的内部混合式架构的固态盘(SMARC)设计方法,同时包含

SLC 和 MLC 两种闪存体。通过定期在两个不同部分(SLC 和 MLC 区域)之间根据运行的工作负载动态迁移数据,所提出的架构能够充分利用各自的优势进行互补,以提高系统整体性能和可靠性并降低能源消耗。基于各种工作负载的仿真结果显示出,SMARC 可以有效地改善系统性能,同时,显著地提高存储系统可靠性和减少能源消耗。

(3)针对固态盘的特殊性,通过采用空间分区、读优先和排序三种策略充分利用其内部丰富的并行性,设计了一种适合于固态盘的 I/O 调度程序:分区调度器。现有的 Linux 内核 I/O 调度程序都是基于传统旋转式硬盘驱动器机械硬盘进行设计和优化,但由于固态盘比机械硬盘具有更多不同的操作特性,它们在固态盘上工作时表现并不理想,因此有必要设计针对固态盘特性的 I/O 调度程序。分区调度器首先把整个固态盘空间分成几个区域作为基本调度单位,利用其内部丰富的并行性同时发起请求。其次,利用读请求比写请求快得多的事实,优先读请求,避免过多的读对写操作的阻止干扰。再次,对每个区域调度队列中的写请求在发送到硬盘之前进行排序,以期望将随机写转换为顺序写,从而减少到达硬盘的有害随机写请求。使用不同负载对分区调度器的测试结果表明,分区调度器因能成功地将随机写转化成顺序写,与四种内核 I/O 调度程序相比能够提高 17%～32% 的性能,同时延长固态盘的寿命。

(4)利用重复数据删除和增量编码来减少到固态盘的写流量,从而延长固态盘的寿命。具体来说,基于两个重要的观察结果:①存在大量的重复数据块,②元数据块比数据块被更加频繁地访问/修改,但每次更新仅有很小的变化,提出了 Flash Saver,结合重复数据删除和增量编码技术来减少到固态盘的写流量。将重复数据删除用于文件系统数据块,将增量编码用于文件系统元数据块。实验结果表明,Flash Saver 可减少高达 63% 的总写流量,从而使其具有更长的使用寿命、更大的有效闪存空间和更高的可靠性。

(5)通过改变存储系统的数据布局策略及存储系统结构,设计了一种利用固态盘的冗余高效能云存储系统架构——REST。REST 主要包括 MDS、loggers 和数据块服务器三部分,其中 loggers 用基于固态盘的高性能服务器实现。通过改变数据布局策略,可以保持大部分的冗余存储节点在待机模式下甚至大部分时间关闭。同时设计了一个实时工作负载监视器 instructor,通过该监视器,可以根据工作负载的变化,控制数据块服务器的启动和关闭,系统能耗和性能之间的权衡也可以通过调整权衡指标来实现。实验结果表明,REST 在 FileBench 和实际工作负载下可分别节省高达 29% 和 33% 的系统能耗,同时对系统性能没有很大影响。

(6)利用固态盘与机械硬盘之间在性能、容量、成本、寿命等方面的互补,构建由固态盘和机械硬盘组成的混合式存储系统 HSStore。在 HSStore 系统中,固态盘作为硬盘上层的缓存空间而存在。请求分派器对到达的 I/O 请求进行监控并且将大的顺序写请求和小的随机写请求从缓存层过滤掉,直接将它们发送到硬盘上,并且跟踪缓存中未命中的读请求。若数据块的未命中次数超过一定阈值,则数据迁移模块会将数据块从机械硬盘上迁移到固态盘缓存中。利用这些方法,既增加了固态盘的有效缓存空间,又延长了其使用寿命。

上述六个方面研究,主要针对固态盘系统的内在特点,从内部混合架构的固态盘、设计固态盘内部的 I/O 调度策略、减少到固态盘的写流量及利用存储系统冗余和固态盘设计高效节能的云存储结构等多方面展开,旨在优化固态盘 I/O 性能,最大限度地利用好固态盘,提高存储系统性能和可靠性,降低能耗。研究结果表明,固态盘自身具有很大的潜在优势,若能在使用的同时扬长避短,在系统设计中充分考虑其优缺点,将有助于进一步改善存储系统的性能。

本书的出版得到了国家"863"重大专项计划"海量存储系统关键技术"(No. 2009AA01A402)、国家自然科学重点基金"大规模数据存储系统能耗优化方法的研究"(No. 60933002)和国家自然科学基金"基于滑动窗口的线性连续网络编码的关键技术与算法研究"(No. 61572012)的资助,特此表示感谢。本书同时也是国家重点基础研究发展计划("973"计划)"高效能存储系统组建方法研究"(编号为2011CB302303)的研究内容之一。

由于作者水平有限,书中难免会存在不足之处,敬请读者批评指正。

作　者

2016 年 11 月

目 录

第 1 章　绪　　论

当今时代,信息技术已经融入人类生活的方方面面,社会各个行业领域都离不开各种信息化服务、应用及海量数据的支持,并继续推动各种信息数据的容量和类型的迅猛增长,以及计算机系统的规模和性能的不断提升、种类的不断增多。在这种环境下,计算机系统尤其是存储系统的性能和可靠性将越来越重要,越来越受到更多的关注。并且随着大数据应用的日益广泛普及,越来越多的数据量在越来越短的时间窗口内在各类应用中产生。这些海量数据也给高性能存储系统容量带来了巨大的挑战。因此,构建大容量、高性能存储系统以满足大数据时代各类应用对存储系统在容量和性能方面的高要求具有重要意义。

1.1　信息存储概述

随着计算机技术和信息化社会的不断发展,计算机技术在人们生活中的地位变得更加重要。日常生活、工作、科学研究及工业生产等方面面都离不开计算机和网络技术。信息数据量的增长导致对大容量存储系统的需求,为适应数据信息量的不断膨胀,存储系统必须具有良好的可扩展性。图灵奖获得者 Jim Gray[1]指出:网络环境下每 18 个月产生的数据量等于有史以来数据量之和。特别是在当今社会的大数据环境下,对存储系统的容量、性能、可靠性、可扩展性及能耗等方面都提出了更高的要求[2]。

随着物联网、云计算、大数据时代的到来,数据信息量急剧增长,种类繁多的应用服务和数量庞大的用户群导致了信息存储系统需求的不断增加。如何从海量数据中查找并读取出所需数据对用户服务是非常重要的。在云计算环境下,虚拟机数量的增长也对单个存储设备的容量、性能和可靠性等方面提出了更高要求。在大规模存储系统中,从不同的角度和层次降低存储系统成本、提高性价比、增强系统性能、提高数据存储的可靠性、加快数据恢复速度、降低系统能耗等都是需要研究和解决的问题。总之,研究如何提供大容量、高性能、高可靠性和低功耗的大规模存储系统是一个重要而亟待解决的问题。

在人们日常生活、工作的各个领域,如数字图书馆、远程教育、电子商务、数字化影视及电子政务等所产生的数据规模不断扩大,已经不是以传统的 GB 和 TB 为衡量单位,而是呈 PB(1 PB＝1024 TB)、EB(1 EB＝1024 PB),甚至是 ZB(1 ZB＝1024 EB)、YB(1 YB＝1024 ZB)等更大规模的增长。如此快速的信息增长给存储系统带来了巨大的压力和严峻的挑战。除对存储容量的需求日益增大外,还包括以下几个方面[3]:

1. 对信息存储的可靠性要求越来越高

随着越来越多的大规模存储系统被制造出来并投入使用,在这些大规模存储系统中,经常会发生某些组件的失效,从而引起存储数据的损坏或丢失。随着大规模存储系统的发展及其规模的不断扩张,数据存储的可靠性问题变得越来越重要。对于现代企业而言,数据一旦丢失,就很可能会带来巨大的经济损失,甚至灭顶之灾,如银行、证券公司的数据。这些企业要求存储系统具有抵御自然灾害、区域停电、恐怖袭击等不可预期灾难性事件的能力。以美国"9·11"恐怖袭击事件来说,在"9·11"事件之后,很多企业由于没有构建高可靠存储系统,导致被毁坏的关键数据无法被恢复,而无法正常运营。因此,为满足企业 365×24 小时的应用需求,必须构建高可靠性的存储系统。

2. 对存储系统性能要求越来越高

目前,计算机的主要应用模式已经转化成数据的存储和访问。随着计算机硬件技术和网络技术的发展,CPU 的计算机能力和网络带宽已经不再是计算机系统的性能瓶颈。大数据时代,海量数据使得存储系统在计算机系统中占有越来越重要的地位,已经成为计算机系统新的性能瓶颈,即 I/O 瓶颈。传统的存储系统结构单纯依靠提升服务器的软硬件和增加网络带宽已经无法解决这一问题。采用新型存储结构,大幅提高存储系统性能的需求已经越来越迫切。近年来,分布式存储技术快速发展,并越来越引起业界关注,如亚马逊等公司开发了云存储应用等,采用新型存储结构来存储和管理海量数据,并提供快速、可靠、高效的计算和存储服务的需求越来越迫切。

3. 存储硬件的成本越来越低

随着硬件技术的不断发展,特别是单硬盘容量越来越大,单位存储空间的成本越来越低。利用高速网络信道,用户只需利用现有的计算设备,就可将闲散的存储资源整合起来实现高质量的网络存储服务。同时,一些热门技术,如重复数据删除、存储虚拟化等技术的使用也能有效提高存储设备的利用率。重复数据删除技术通过删除数据集中重复的数据,只保存一份副本,来消除冗余数据,达到提高存储效率、节省存储空间的效果。存储虚拟化技术则是通过将资源的逻辑映像和物理存储分开,屏蔽物理设备之间的复杂性,将多个物理设备虚拟成单一存储池,来达到充分利用存储空间、集中管理存储的目的。

4. 用户访问的方式越来越多样

随着云计算和大数据时代的到来,存储系统面临的重要挑战是海量数据信息量的日益增长及不同用户对信息存储系统访问方式的不同需求。面对日益增长的海量数据和不断增加的海量用户对访问方式的要求,信息检索的方式也越来越灵活,存储系统应该具有良好的可扩展性,其体系结构和数据组织方式也需要不断进步以适应数据存储容量和服务性能的动态增长。

从原理上讲,只要具有两种明显稳定的物理状态的介质都能用来存储二进制信息,但是真正能用来做信息存储介质的还需要满足技术指标的要求。因此,信息存储器被定义为存储设备和存储介质组成的一个整体物理部件。它是以信息存储介质为中心的各种信息存储技术的集合,每出现一种新的存储材料都会极大地推动信息存储技术的发展。从存储介质角度来说,信息存储器可分为磁存储器、光存储器、半导体存储器和铁电存储器等。

　　按照层次进行划分,不同层次的存储器具有不同的速度和容量,如图 1.1 所示,存储单位信息的价格也不同。

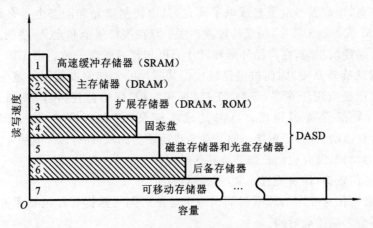

图 1.1　存储层次

　　在存储系统的多层次结构中,其顶层的存储器存取速度最高,容量最小,价格最贵,而底层的存储器则恰好与顶层的相反,最底层的为脱机存储。图 1.1 中:1 为高速缓冲存储器(cache memory),2 为主存储器(main memory),3 为扩展存储器(expanded memory),它们装置在主板上,称为板内存储器;4 为固态盘(solid state drive,SSD),5 为磁盘存储器和光盘存储器,4 和 5 都隶属于直接存取存储器(direct access storage device,DASD);6 为后备存储器,包括光盘存储器和顺序存取的磁带机;7 为可脱机的存储媒体,包括磁带、光带、光盘等。

1.2　固态盘技术分析

　　存储技术主要分为三种:①光存储(CD、VCD、DVD 等),通过激光刻录存储信息;②磁存储(传统硬盘、磁带等),通过磁介质来存储信息;③电存储(内存和闪存等),如今各式各样的便携式存储设备,如 SD 卡、记忆棒、MMC 卡等都是基于闪存技术的。

　　传统机械硬盘长期以来一直是存储系统的主要存储部件。然而,随着硬件技术的发展,硬盘容量以每年 40%左右的速度增长,但其随机 I/O 性能却只以每年

2%的速度增长。随着大数据应用的日益普及,传统的机械硬盘已经无法满足用户对大容量、高性能存储系统的需求。近年来,基于闪存的固态盘相比机械硬盘能够提供更高的性能,在现代存储系统中的应用也日益普及。固态盘与机械硬盘相比性能更高,但是相对容量较小,价格也很昂贵。此外,不同的工作负载对存储系统有不同的容量和性能要求。因此,在选择使用固态盘还是机械硬盘时,需要根据工作负载的类型,对容量、价格、性能、可靠性等多方面进行综合权衡和比较。

固态盘,也称固态电子盘或电子硬盘,是由控制单元和固态电子存储芯片阵列(DRAM 或 Flash 芯片)制成的硬盘。固态盘在接口规范和定义、功能及使用方法上与普通硬盘相同,在产品外形和尺寸上也与普通硬盘一致。由于固态盘没有普通硬盘的旋转介质,因而抗振性极佳。其芯片的工作温度范围很宽(-40~85℃),目前广泛应用于军事、车载、工控、视频监控、网络监控、网络终端、电力、医疗、航空、导航设备等领域。目前其成本较高,正在逐渐普及到 DIY(do it yourself,自己动手制作)市场。固态盘与普通硬盘比较,拥有以下优点:

(1)启动快,没有电动机加速旋转的过程。

(2)不用磁头,快速随机读取,读延迟极小。

(3)具有相对固定的读取时间。由于寻址时间与数据存储位置无关,因此磁盘碎片不会影响读取时间。

(4)基于 DRAM 的固态盘写入速度极快。

(5)无噪声。因为没有电动机和风扇,所以理论上工作时噪声值为 0 分贝。某些高端或大容量产品装有风扇,因此仍会产生噪声。

(6)低容量的基于闪存的固态盘在工作状态下能耗和发热量较低,但高端或大容量产品能耗会较高。

(7)内部不存在任何机械活动部件,不会发生机械故障,也不怕碰撞、冲击、振动。这样即使在高速移动,甚至伴随翻转倾斜的情况下,也不会影响到正常使用,而且在笔记本发生意外掉落或与硬物碰撞时能够将数据丢失的可能性降到最低。

(8)工作温度范围大。典型的硬盘驱动器只能在 5~55 ℃ 范围内工作。而大多数固态盘可在-10~70 ℃ 下工作,一些工业级的固态盘还可在-40~85 ℃,甚至更大的温度范围下工作(例如,RunCore 军工级产品的工作温度为-55~135 ℃)。

(9)低容量的固态盘比同容量普通硬盘体积小、重量轻。但这一优势随容量增大而逐渐减弱。直至 256 GB,固态盘仍比相同容量的普通硬盘轻。

所有的这些优点使得固态盘更为适合应用在诸如 MP3、智能手机、笔记本等领域。虽然就目前而言固态盘单位存储的价格过高,但是其前景是喜人的。20 世纪 70 年代,Sun StorageTek 公司就开发了第一个固态盘驱动器,但由于那时对高性能存储的需求不高,以及固态盘价格昂贵、性能不稳定,固态盘并没有得到广泛的应用。1989 年出现了世界上第一款固态盘,但由于过于高昂的价格,固态盘只应用在一些特别的领域,如医疗、航空、军事等方面。随着 2007 年 7 月 IBM 公司在其服务器上使用 SanDisk SSD,固态盘在现代存储系统中的应用才逐渐普及开来,关于固态盘各方面的技术研究也逐渐成为研究的热点。

随着 Intel、三星、东芝、SanDisk、Micron 等知名存储产品公司进入固态盘行业,各大公司加速开发固态盘主控,短短的几年就涌现出十多种固态盘方案。固态盘的关键部件由控制单元和存储单元两部分组成,此外,还包括缓存和与主机的接口部分。固态盘的接口与传统机械硬盘的接口相比,在功能、规范和使用方法上都是一致的,目前广泛采用的接口包括 SATA-2 接口、SATA-3 接口、SAS 接口、PCI-E 接口、MSATA 接口、NGFF 接口、SFF-8639 接口等。另外在外观尺寸等方面,固态盘也与传统机械硬盘大致相同。

固态盘在系统框架上分为三个层次,自下而上分别是设备驱动层、空间管理层和文件系统接口层,如图 1.2 所示。固态盘在使用过程中要求能与机械硬盘兼容,为上层系统和用户提供透明的访问模式,让用户可以像使用机械硬盘一样使用固态盘。设备驱动层连接底层闪存芯片,负责基本的数据访问操作及坏数据块的管理。空间管理层则建立物理层和逻辑层的映射关系,包含地址映射模块和垃圾回收模块。文件系统接口层则负责为上层系统软件提供服务和操作的接口。

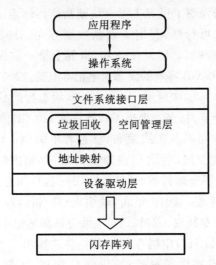

图 1.2　固态盘的层次结构

固态盘使用的存储介质有两种:闪存和 DRAM。

(1)基于闪存的固态盘:基于闪存的固态盘(IDE Flash Disk、Serial ATA Flash Disk)采用闪存芯片作为存储介质。它可以制作成多种形式,例如,笔记本硬盘、微硬盘、存储卡、U 盘等。这种固态盘最大的优点就是可以移动,而且数据保护不受电源控制,能适应各种环境,适合个人用户使用。一般它的擦写次数为3000 次左右。以常用的 64 GB 容量为例,在平衡写入机理下,可擦写的总数据量为 64 GB×3000＝192000 GB。假如你是个视频爱好者,喜欢下载视频,看完就删,每天需要下载 100 GB 的视频,可用天数为 192000/100 天＝1920 天,也就是5.26(1920/365)年。如果你只是普通用户,每天写入的数据远低于 10 GB,就拿10 GB 来算,也可以不间断地使用 52.6 年。再假设你用的是 128 GB 的固态盘,那么可以不间断用 105.2 年! 这是什么概念? 它像普通硬盘一样,理论上可以无限读写。

(2)基于 DRAM 的固态盘:采用 DRAM 作为存储介质,应用范围较窄。它仿效传统硬盘的设计,可被绝大部分操作系统的文件系统工具进行卷设置和管理,并提供工业标准的 PCI 和 FC 接口,用于连接主机或者服务器。应用方式可分为SSD 硬盘和 SSD 硬盘阵列两种。它是一种高性能的存储器,而且使用寿命很长,美中不足的是,需要独立电源来保护数据安全。DRAM 固态盘属于非主流的设备。

通常所说的固态盘是以闪存芯片为存储介质的,这种固态盘现已被应用在 U盘、存储卡、笔记本硬盘等多种场合,其优点是数据保护不受电源限制,可以随意移动,适合个人用户使用,但使用寿命有限。

1956 年,IBM 公司发明了世界上第一块硬盘。1968 年,IBM 重新提出温彻斯特(Winchester)技术的可行性,奠定了硬盘发展方向。1970 年,Sun StorageTek公司开发了第一个固态盘驱动器。1989 年,世界上第一款固态盘出现。2006 年 3月,三星率先发布一款 32 GB 容量的固态盘笔记本电脑。2007 年 1 月,SanDisk 公司发布了 1.8 英寸(1 英寸≈2.54 厘米,下同)32 GB 固态盘产品,3 月又发布了 2.5 英寸 32 GB 型号。2007 年 6 月,东芝推出了其第一款 120 GB 固态盘笔记本。2008 年9 月,忆正 MemoRight 固态盘正式发布,标志着中国企业加速进军固态盘行业。2009 年,固态盘井喷式发展,各大厂商蜂拥而来,存储虚拟化正式走入新阶段。2010 年 2 月,镁光发布了全球首款 SATA 6 GB/s 接口固态盘,突破了 SATAII 接口 300 MB/s 的读/写速度。2010 年底,瑞耐斯(Renice)推出全球第一款高性能mSATA 固态盘并获取专利权。2012 年,苹果公司在笔记本上应用容量为512 GB的固态盘。2015 年 8 月 1 日,中国存储厂商特科芯推出了首款 Type-C 接口的移动固态盘。该款固态盘提供了最新的 Type-C 接口,支持 USB 接口双面插入。2016 年 1 月 1 日,特科芯发布了全球首款 Type-C 指纹加密固态盘。

随着固态盘硬件技术的发展,各大公司(如三星、东芝等)都纷纷推出基于固态盘的消费级产品:固态盘笔记本。固态盘给笔记本带来性能提升的同时,也比传统机械硬盘提供了更好的稳固可靠性,并使得笔记本的能耗降低。例如,一个使用传统机械硬盘的终端用户可能需要等待 36 秒才能完成操作系统启动,而现在使用固态盘,系统启动时间可以缩减为 9 秒钟甚至更短。在高性能固态盘环境下,笔记本的 CPU 运行效率更高,同时带来笔记本能耗降低、电池寿命延长的优点。

与传统机械硬盘相比,固态盘采用 NAND 闪存,其运行过程的系统能耗要低得多,并且无噪声,更符合现代企业及产品生产中绿色节能降耗的要求,其环保特性相当突出。

基于闪存的固态盘是固态盘的主要类别,其内部构造十分简单。固态盘内的主体其实就是一块 PCB(印制电路板),而这块 PCB 上最基本的配件就是控制芯片、缓存芯片(部分低端硬盘无缓存芯片)和用于存储数据的闪存芯片。市面上比较常见的固态盘有 LSISandForce、Indilinx、JMicron、Marvell、Phison、Goldendisk、三星以及 Intel 等多种主控芯片。主控芯片是固态盘的"大脑",其作用一是合理调配数据在各个闪存芯片上的负荷,二是承担了整个数据中转任务,连接闪存芯片和外部 SATA 接口。不同的主控芯片,能力相差非常大,在数据处理能力、算法、对闪存芯片的读/写控制上会有非常大的不同,这些会直接导致固态盘产品在性能上的差距高达数十倍。其主要功能包括:控制所有闪存颗粒的读/写操作,安排数据均匀分布到各个闪存芯片上,并负责数据中转,连接闪存芯片和外部 SATA 接口等方面。主控芯片旁边是缓存芯片,固态盘和传统硬盘一样需要高速的缓存芯片辅助主控芯片进行数据处理。这里需要注意的是,有一些廉价固态盘方案为了节省成本,省去了这块缓存芯片,这样对于使用时的性能会有一定的影响。除了主控芯片和缓存芯片以外,PCB 上其余的大部分位置都是NAND 闪存芯片了。闪存芯片用于数据存储,其中的每个闪存颗粒都有完整的数据存储和读取功能,是固态盘的核心。采用的闪存芯片越多,固态盘的容量越大,固态盘的控制也越复杂。

固态盘的基本存储单元分为三类:单层单元(single-level cell,SLC)、多层单元(multi-level cell,MLC)及较新的三层单元(trinary-level cell,TLC)[4]。低端产品一般采用 MLC 或者 TLC 闪存,其特点是功耗高、容量大、速度慢(2 MB/s)、可靠性低、存取次数少(3000~10000 次),价格也低。高端产品一般采用 SLC 闪存,其特点是技术成熟、功耗低、容量小、速度快(8 MB/s)、可靠性高、存取次数多(10万次),价格也高。造成这种差异的原因在于,在 MLC 和 TLC 中,每个闪存单元存放的信息较多,结构也较复杂,发生错误的概率也较高,且每次错误发生都需要进行修正操作,修正操作会导致其性能和可靠性的降低。

下面以 SLC 的框架体系[11,12]为例,讲述闪存存储原理。

每一个存储单元都包含一个晶体管(cell),如图 1.3 所示。在晶体管内,浮栅(floating gate)存放电子,电子的数量决定了存储单元的临界电压,由电压来决定存储单元的状态。在浮栅之上的是控栅(control gate),控栅和浮栅之间是一个二

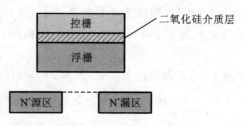

图 1.3 SLC 的剖面图

氧化硅介质层。其写过程就是将电子经过电场加速,在纵向电场的吸引下,使电子进入浮栅,抬高晶体管阈值电压的过程。擦除过程则是把电子从浮栅中释放掉,降低阈值电压的过程。此时控栅上施加负的高电压,在 N$^+$ 源上接正的低电压,N$^+$ 漏区浮空。由于控栅和浮栅之间的电容耦合效应[13],电子离开浮栅。SLC 模式就是在每个存储单元里仅存放 1 bit 的数据,存储的数据是 0 还是 1 基于电压阈值来判定的模式。表 1.1 给出了 SLC 模式下的闪存状态值。晶体管有两个值,即 0 和 1。0 对应闪存单元的可编程状态,1 对应闪存单元的清除状态。

表 1.1 SLC 模式下的闪存状态值

值	状态
0	可编程状态
1	清除状态

MLC 模式下,每个存储单元里存储 2 bit 的数据,存储的数据是 00、01、10 还是 11 也基于电压阈值来判定。与 SLC 模式相比,MLC 模式虽然使用相同的电压值,但是电压之间的阈值被分成了 4 份,直接影响了性能和稳定性。表 1.2 给出了 MLC 闪存单元的状态表示。

表 1.2 MLC 模式下的闪存状态值

值	状 态
00	全编程状态
01	半编程状态
10	半擦除状态
11	全擦除状态

表 1.3 对比了 SLC 模式和 MLC 模式的不同。

表 1.3 两种实现模式的比较

	SLC 模式	MLC 模式
高密度	—	√

续表

	SLC 模式	MLC 模式
位价格	—	√
稳固性	√	—
运行温度	√	—
功耗	√	—
擦写速度	√	—
擦写可靠性	√	—

从表 1.3 可以看出，虽然 MLC 模式有更高的信息密度和更低的位开销，但 SLC 模式在稳固性（endurance）和访问性能上有着明显的优势，比 MLC 模式高出近 10 倍。但是工业界更在乎产品的制造成本，大多数的固态盘采用 MLC 模式仍是大势所趋。ISSCC（International Solid-State Circuits Conference）[14] 给出了基于 NAND 闪存存储设备的存储密度趋势，如图 1.4 所示。纵轴表示的是存储密度，即存储容量除以芯片面积。在图中，每年闪存存储设备的密度会翻 1 倍，其增长率维持在 55% 左右，同时 MLC 类型存储器的存储密度几乎是 SLC 类型的 2 倍。

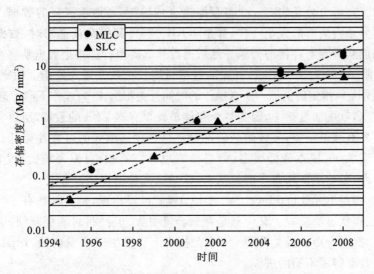

图 1.4　存储设备存储密度趋势

图 1.5 给出了基于 MLC 存储单元固态盘的闪存阵列部分[15]，该产品是三星的 K9XXG08UXM 固态盘。

具体来说，图 1.5 描述了三星固态盘闪存阵列中一个闪存包（Flash package）的内部布局。这个包的容量是 4 GB，由 2 个晶圆（die）组成。每个晶圆包含 4 个

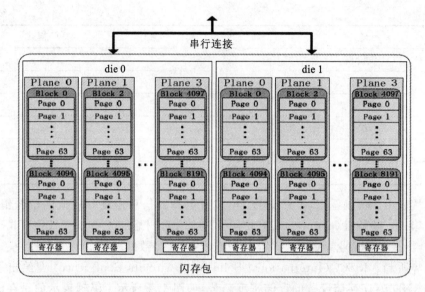

图 1.5 三星固态盘闪存包的内部框图

分条(plane),每个分条包含 2048 个块(block),而每个块包含 64 个页(page)。在图的上方是一个串行连接(serial connection),负责内部闪存阵列和外部控制器的数据传输。在每个分条内有一个寄存器负责传输读/写请求需要的数据。寄存器的大小同分条内页面的大小一样,都是 4 KB。当外部提交读请求时,数据首先在分条中完成从页到寄存器的传输。然后通过外部的串行连接把数据从寄存器传送到外部控制器。而对于写请求,首先通过串行连接把数据写入分条上的寄存器,然后再写入分条内指定的页面。所有操作的时间开销根据读/写操作不同而迥异。

而 TLC 就更加复杂了,因为每个存储单元里存储 3 bit 的数据,所以它的电压阈值的分界点就更细致,导致的结果也就是每个存储单元的可靠性更低。虽然其存储容量变大了,成本降低很多,但是性能也大打折扣,且寿命较短,仅有约 500 次擦写寿命,目前主要用在小型记忆卡、U 盘这类移动存储设备上。

目前,四层单元(quad-level cell,QLC)模式已经出现,是一种具有 4 bit 单元,有 16 种工作状态的模式。其优点是存储容量更大,但控制起来更麻烦,可靠性要求也更高,擦写寿命也随之降低,目前在技术上仍然处于研发阶段,Intel、三星等公司都已经取得了不错的进展。

总体来说,固态盘的优势在于闪存颗粒本身。由于内部没有机械结构,为完全的集成电路,寻道等操作全部都是电路意义上的操作,并且采用多块闪存芯片以并行方式同时读/写,读/写速度快,因此相比于机械硬盘,其具有很多性能优势,越来越受到欢迎。其文件随机读取时的性能比机械硬盘的要高很多,但是随机写操作会对固态盘的寿命产生影响。同时,由于其内部结构采用多通道设计,多通道可以并行工作,成倍地提高固态盘的读/写带宽,为固态盘带来了巨大的性能优势。目前市场上销售的 SATA 接口的固态盘多采用 8 通道,PCI-E 接口的固态盘采用 26 通道或更多通道,跟容量密切相关。表 1.4 给出了固态盘与传统机械硬盘优劣势的简单对比。

表 1.4　固态盘与机械硬盘优劣势对比

	固 态 盘	机 械 硬 盘
容量	较小	大
价格	高	低
随机存取	极快	一般
写入次数	SLC,10 万次;MLC,1 万次	无限制
盘内阵列	允许	极难
工作噪声	无	有
工作温度	极低	较明显
防振	很好	较差
数据恢复	难	可以
重量	轻	重

基于以上分析,与机械硬盘相比,固态盘由于没有机械装置,存储介质也由磁介质改为了电介质,因此主要有以下四个方面的特点:

(1)性能方面,固态盘的优势主要体现在读带宽和随机读/写的 IOPS(每秒读/写操作次数)上,提高 I/O 并发度可以提高随机读的性能。由于没有读/写磁头,随机读取速度很快,读延迟极小。由于寻址时间和数据存储位置无关,故固态盘具有相对固定的读取时间。

(2)价格方面,相比机械硬盘,固态盘的单位存储成本较高。例如,120 GB 的固态盘的价格一般在 400 元甚至更高,平均 3.3 元/GB。而 1 TB 的机械硬盘价格在 500 元左右,平均只需 0.50 元/GB。

(3)使用寿命方面,固态盘上闪存单元有擦写次数限制,大量小粒度随机写操作对固态盘的使用寿命和性能会造成不利影响[5]。闪存的寿命以 P/E 周期(编程/擦除周期)为单位,是由闪存颗粒的类型和数据写入量来决定的。

(4)其他物理特性方面,完全由半导体芯片构成的固态盘与相同容量的机械硬盘相比,还具有体积小、重量轻、无噪声、低能耗、发热量低、抗振动、工作温度范围大等优势,也因此在军事、医疗、网络监控及航空等多个领域得到广泛应用。

尽管固态盘与机械硬盘相比具有多方面的性能优势,但固态盘自身,如在操作系统和软件支持上的兼容性问题等还没有完善,另外固态盘接口也还没有统一的标准。同时,固态盘的数据恢复难度也比机械硬盘的要大。机械硬盘上的数据删除,只是在要删除的数据上打上标记,实际上并没有删除。只有在硬盘写满或者需要用被删除数据的扇区或磁道时,才会擦除原来的数据,重新写入新的数据,所以数据恢复起来比较容易。而固态盘由于采取垃圾回收机制,会在系统空闲时回收原来删除的数据所占用的存储区域,以便下次重复使用,因此数据恢复软件无法从实际已经不存在的数据区中恢复数据。也就是说,固态盘数据恢复技术的难度要比机械硬盘的大得多。关于这方面也有很多的研究,但还不是很成熟。

固态盘虽然没有机械硬盘的机械结构,不会有磁头老化、磁道损坏等问题,但由于存储介质采用了闪存颗粒,故有限的擦写次数是其最大的缺点。固态盘的闪存颗粒擦写寿命理论上一般为 5000～10000 次,超过此寿命,闪存将立即变得不可靠。而对于机械硬盘来说,基本不用考虑使用寿命的问题,数据记录在磁层上,理论上可以进行无数次的读/写操作而不用担心有磁失效的危险。从这方面来看,闪存显然比不上机械硬盘。

但是随着数据中心需求的爆炸性增长,解决硬盘 I/O 瓶颈已成为亟待解决的问题。高性能的固态盘成了最佳选择,打破了机械硬盘数据传输的局限,减少了程序的载入时间。经过几年的技术进步,固态盘的价格也逐渐下降,不再是价格高不可及的奢侈品,与机械硬盘之间的价格差异越来越小。事实上,从存储方案生命周期的总拥有成本(TCO)来分析,使用固态盘相比于使用机械硬盘可能在成本上更为便宜。生产量的增大及主流存储企业对固态盘技术的改进,都使得固态盘的价格近几年内急剧下降。综合考虑性能等多方面因素,如每次 I/O 操作的成本与每千兆字节容量的比值,使用固态盘实际上可能比机械硬盘更为便宜。

综上所述,固态盘具有机械硬盘无法比拟的优越性,在速度、可靠性及稳定性方面都有了全面的提升。在现在的技术条件下,固态盘无论从价格上还是从容量上都足以与机械硬盘相比较,同时用户也能够获得机械硬盘完全无法比拟的高性能和高可靠性,其在现代存储系统中的应用会越来越广泛和普及。

1.3　固态盘的研究现状

固态盘由于其显著的性能优势,在存储系统中的应用越来越广泛。已有很多的研究针对固态盘展开,对固态盘的研究工作大致可分为两部分,一是利用仿真方法对固态盘性能的研究,如对闪存转换层(flash translation layer,FTL)的研究、对内部缓存及替换算法的研究、对固态盘内部并行性的研究及对减少到固态盘写流量的研究等;二是对采用固态盘的存储系统的研究,包括对存储系统或 I/O 路径进行优化,与机械硬盘一起构成高性能、低能耗的混合式存储架构,以及固态盘在数据库系统下的应用等。下面分别介绍这两方面的相关研究工作。

1.3.1　关于固态盘性能的研究

关于固态盘性能的研究一般是借助仿真器来进行的,目前使用较多的固态盘仿真器主要是三个:CMU 开发的 DiskSim[6],宾夕法尼亚州立大学开发的固态盘模拟器 FlashSim[7] 和华中科技大学信息存储与应用实验室开发的 SSDsim[8]。DiskSim 由 C 语言编写并开源,包含很多存储元件的模型,已在很多存储系统效率和性能的研究中应用,能够详细地模拟硬盘系统。它具有多种模块,包括设备驱动、总线、控制器、磁盘驱动器等,能够被外部提供的 I/O 请求 trace,或者内部产生的同步工作量驱动,已在许多存储系统效率及性能的研究中应用,目前也能支持大规模存储系统的仿真,被证明能很真实地模拟存储系统的工作情况。微软对 DiskSim 进行扩展使其支持固态盘仿真,它能够模拟固态盘延迟,支持多个请求队列、逻辑块映射、块擦除、耗损均衡和基于页面的 FTL。但是其只能够模拟存储子性能相关的内容,无法模拟计算机系统中其他部件的行为。

FlashSim 是一款对固态盘仿真模拟,对其中的一些算法(如 FTL、DFTL 算法)进行性能评估的基于 DiskSim,在 Linux 环境运行的仿真软件。它受限于简化的硬件模型,不容易被扩展,使用时需要集成在 DiskSim 中。这是因为它与 DiskSim 高度耦合。FlashSim 是基于单线程的 C++ 语言实现的。C++ 语言提供了全面的面向对象的机制,其中的每一个类实例可用来代表一种硬件设备或者软件。但是,FlashSim 和 DiskSim 都不能实现高级命令的模拟,也不能对系统能耗进行模拟。

SSDsim 是由华中科技大学信息存储与应用实验室开发设计的一种多层次、事件驱动和结构化的闪存固态盘模拟器,除可以模拟大多数固态盘硬件平台、主流映射方案、分配方案、缓冲区替换算法及 I/O 调度算法外,还能够对高级命令和系统能耗进行模拟测试。研究人员可以通过修改其内部某特定部件或应用的不同算法来进行效果测试。

SSDsim 模拟器主要包括三个逻辑模块:硬件行为模拟层、闪存转换层和数据缓存层,它们是固态盘中标准的三个组成部分。硬件行为模拟层主要用于提供对基本操作命令的模拟,包括基本的读、写、擦除命令,数据迁移命令,多分组操作命令,交错操作命令等,实现了这些命令的执行过程。数据缓存层负责提供对数据缓存层的行为模拟,通过计算数据量得到内存操作的具体时间,还可以对各种固态盘的数据缓存替换算法进行模拟,如最近最少使用 LRU 算法、最小频率使用 LFU 算法等,是决定固态盘性能的关键部分。闪存转换层主要负责对固态盘闪存转换层上的各种算法进行模拟,包括地址映射算法、垃圾回收算法和耗损均衡策略等。在 SSDsim 中,由于这些算法的实现过程和方法与实际系统中的算法基本相同,因此可直接移植用于真实的固态盘系统中,其软件代码在 CPU 上的执行时间开销是其对系统性能影响的主要因素。

对固态盘性能的研究工作主要包括对各种闪存转换层的研究、内部缓存策略的研究、固态盘内部并行性的研究及采用相关技术减少到固态盘写流量的研究等,下面分别从这四个方面介绍相关研究工作。

1. 对闪存转换层的研究

在固态盘内部有一个闪存转换层,它相当于磁盘中的控制器,是控制器内最重要的部件之一,其主要功能包括地址映射(address mapping)[9,10]、耗损均衡(wear-leveling)[11,12]及垃圾回收(garbage collection)[13]等。闪存转换层的主要工作是要把对数据页的写请求重新映射到一个已擦除的空白数据页上,与固态盘的性能、可靠性、寿命等密切相关,因此成为研究的一个热点问题。在系统启动时构造一张映射表,登记逻辑地址和物理地址之间的映射信息。运行过程中,这些信息在固态盘的易失性存储器中进行维护。

地址映射是闪存转换层的核心,它决定了垃圾回收和耗损均衡算法,根据所选择映射粒度的大小可分为页级映射、块级映射和混合映射三种方式。

页级映射以物理页为基本映射单元,一个逻辑页的数据可以存放在任意一个物理页面中。同时,垃圾回收过程触发的时间被延迟,即直到存储空间快被填满时才触发垃圾回收过程,性能优越,空间利用率高,并且操作简单,可以很快地查找到逻辑页面对应的物理页号,开销也小。缺点是映射表长度与固态盘容量成正比,当映射表很长时,会占用大量的内存空间,而在很多嵌入式系统中都不可能提供很大的内存容量来存放整张映射表。

块级映射以块大小的连续页面为基本映射单元,一个逻辑页的数据只能放在某个物理块中特定偏移的物理页中。相比页级映射,由于受到异地更新的限制,其地址映射存在更新冲突,可能触发大量的垃圾回收,使得性能降低,尤其是随机小写性能。其优点是所需的映射表比较小,只占用较小的内存空间,因此可以全部放入内存,查找映射关系很快。

混合映射则把固态盘的闪存块分为数据块和日志块,是一种介于块级映射和页级映射之间的模式。对日志块采用页级映射,对数据块采用块级映射。第一次写入的数据请求被写入数据块中,节省映射表空间。而对需要更新的数据请求,则将更新的页写入日志块,提高空间利用率。但混合映射也有缺点:一是日志块需要占用一定量的物理块,因而降低了有效空间的使用率;二是由于日志块的数量较少,在日志块数量降低之后,需要进行日志块和数据块的合并操作,频繁的合并会降低固态盘的总体性能。总之,混合映射由于集合了页级映射和块级映射的优点,其映射表长度接近于块级映射的,却可以获得接近于页级映射的性能。现在大部分的固态盘商业产品都采用混合映射的方式。混合映射已经成为现在比较广泛的研究课题,下面对国内外比较流行的混合映射算法做简单介绍。

基于混合映射的算法有 BAST[14]、FAST[15]、LAST[16]、DFTL[9] 和 OAFTL[17] 等。Kim 等人于 2002 年提出的 BAST[14] 算法中日志块和数据块的数量比为 1∶1,每个数据块都有与其对应的日志块,关于同一数据块的多次更新操作则按顺序写入相应的日志块中。当需要对某个数据块中的指定页面进行写操作时,首先检查该数据块是否已经分配了日志块:若没有分配对应日志块,则从空闲的日志块池中分配一个日志块与该数据关联;若已经分配了日志块,则判断该日志块是否已经写满,若没有被写满,则将写操作内容写入日志块中,否则先将日志块与数据块进行合并回收,产生新的空闲日志块,并将其添加到空闲的日志块池中,然后再在空闲日志块池中分配一个新的日志块,与要操作的数据块关联起来。BAST 首次提出时,在一定程度上结合了块级映射和页面映射的优点,使用大小合理的内存获得了较好的性能。但在某些应用负载下,它存在日志块空间利用不足等缺点。尤其是当某些数据块被频繁写入时,即使与其他数据块相关联的日志块利用率很低,也会导致频繁的合并操作,严重影响磁盘性能。

Lee 等人在 2007 年提出了 FAST[15] 算法,主要目标是解决日志块利用率低的问题。该算法与 BAST 的不同点在于数据块与日志块的数量比例由 1∶1 改为 1∶N,即一个数据块可以与任意一个或多个日志块相关联,大大提高了日志块的利用率,同时也减少了写操作路径上合并操作的可能性,提高了磁盘的总体性能。但同时带来的问题是多个数据块的更新页可能存放在一个日志块中,垃圾回收过程中日志块需要与多个数据块进行合并操作。合并操作的开销很大,影响运行效率。Lee 等人于 2008 年又提出了 LAST[16] 算法,针对 FAST 算法产生的问题,把闪存颗粒分为两个不同的区域,通过一个局部探测器来识别访问数据的不同类型,然后根据访问数据的不同类型将其存储到不同的区域,但其对于局部较小的顺序写操作不能作出有效的判断。

Gupta 等提出了一种基于页面映射的 FTL、DFTL[9]。它是一个基于页面的闪存转换层映射方法,通过只存储部分地址的映射信息来减少所需的 RAM(随机存储器)。由于工作负载具有局部性,DFTL 能够节省存放映射信息的 RAM 需求,且没有任何性能损失。DFTL 根据负载运行情况动态地只将当前活跃的页面映射关系部分存入内存中,而其他非活跃的映射部分则存放在特定的闪存页面上,以减少相应内存的需求量。存入内存中的映射关系部分与其余存放在芯片上的映射关系随着应用的变化而动态地相互交换。当读请求到达时,DFTL 首先查找内存中的映射关系部分:若命中,则直接访问对应的物理页;若不命中,则使用 FIFO 或 LRU 算法从闪存芯片上读取该所需的页面映射关系,同时预取一定量的映射关系替换内存中根据算法需要替换出去的部分。当写请求到达时,DFTL 首先查找内存中的映射关系部分:若命中,则完成写操作后在内存中直接更新对应的映射关系;若不命中,则在完成写操作后,首先从闪存芯片上读取对应的映射关系,然后更新该映射关系并标示闪存上的映射关系为无效状态。DFTL 的性能与负载局部性特征密切相关,负载具有良好局部性时,DFTL 性能表现很好;对于缺少局部性的负载,如随机访问,DFTL 性能急剧下降。然而,实验结果表明,对于大多数负载应用来说,DFTL 能够提供与理想页面映射 FTL 相当的性能,但映射表所需要的内存少多了。因此,为了简单方便,许多研究论文中使用 DFTL 页面映射模式。

OAFTL[17](Operation Aware FTL)是在 DFTL 的基础上提出来的,也是把所有的页映射信息存放在地址转换块上,是一种基于页级映射的 FTL 算法。该算法中没有日志块的概念,因此也不会有日志块与数据块的合并操作。在内存中开辟存储空间保存所有的映射信息,根据不同操作类型分别组织地址映射信息,包括读映射表(read cache mapping table, RCMT)和写映射表(write cache mapping table, WCMT)。它能够有效利用企业级工作负载中数据分布的局部性,提高闪存读/写性能。

J. U. Kang 等提出了降低中数据块与日志块合并操作开销的方法,其基本思想是将数据块划分为不同的组,每个组只使用有限数量的日志块与该组关联,以减少与数据块的关联日志块。这样可以减少数据块与日志块合并操作过程所需要检查的日志块数量,降低了合并开销。具体来讲,每 D 个数据块与 L 个日志块划分为一个组,成为一个超级块。每个超级块之间是相互独立的,若超级块内部的日志块使用完了,则即使别的超级块内仍有空闲日志块,也必须进行合并操作以释放空闲日志块。在超级块内部,与 FAST 相同,任何一个数据块可以与任意的日志块相关联。该算法减少了合并操作可能涉及的数据块和日志块数量,在一定程度上改善了合并操作对性能的影响。

WAFTL[18](Workload Adaptive Aware FTL)将所有存储数据的数据块分为两种:块级映射块(block-level mapping block, BMB)和页级映射块(page-level mapping block, PMB)。BMB 用来存储顺序写入的数据,PMB 用来存储随机写入的数据和被复写的数据,两者的数目根据具体的负载情况来决定,顺序写入数据较多的时候 BMB 较多,随机写入数据较多的时候 PMB 较多。该算法通过对 BufferZone 的使用在一定程度上提升了系统的性能。

CFTL[19](Convertible FTL)提出"冷热"数据的区分算法来动态调整映射策略是页映射还是块映射。综合此两种映射的优点,一种有效的 Cache 机制被提出。该机制显著改善了系统的性能。

2. 固态盘内部闪存缓存策略的研究

与机械硬盘相同,固态盘中也有一定量的 RAM 用作缓存来提高磁盘的性能。不同的是,机械硬盘中的 RAM 全部作为数据缓存区使用,而固态盘中的 RAM 既作为数据缓存区又作为映射表区域,不仅可以提高性能,而且吸收和改变到达固态盘的访问模式,尤其是减少对寿命有严重负面作用的随机小写请求,尽量使得真正到达磁盘芯片的写操作是友好的。固态盘内的缓存是优化到芯片访问模式的最后一道防线。一个好的缓存管理算法应该尽量能够在缓存中完成对请求的服务,即尽量提高命中率(hit ratio)。对于固态盘来说,提高了命中率,尤其是写命中率,还可以减少对芯片的实际写操作数量,从而间接地提高了寿命。因此,数据缓存算法对固态盘的性能、寿命有直接的影响,也成为研究者的研究热点问题之一,出现了大量的研究成果。

常用的缓存替换算法有先进先出算法 FIFO、最久未使用淘汰算法 LRU 和最小频率使用算法 LFU 等。针对固态盘内部的缓存管理及替换算法也有很多,包括 BPLRU[20]、CFLRU[22](Clean-First LRU)、FAB[21](Flash-Aware Buffer)、Fclock[23] 等,大多数都是根据固态盘自身特点在内存命中率和固态盘性能、寿命之间进行平衡的。

BPLRU[20] 是一种面向改善随机小写性能的缓存管理算法。BPLRU 将内部所有的内存都用作写缓存并且使用混合式映射。BPLRU 采用了三种策略来改善小写性能:块级替换、页面填充(page padding)和 LRU 补偿(LRU compensation)。块级替换是将 LRU 算法中的替换单位改为整个数据块,而不是传统的页面。当块中的某个页面被访问时,将包含该页面的整个块移动到 LRU 队首;当缓存空间被用完时,队尾的块将写回闪存。页面填充是在写回被替换块时,若该块中有空闲页面,则从其他块中读取出页面写到该块中的空闲页面,使得写出时能够将整个块写到日志块中的机制。在混合式映射 FTL 中,若日志块被顺序地完整写入,则在垃圾回收时只需要进行交换合并操作,而不用进行全合并或半合并操作,大大减少了合并开销。LRU 补偿是指当某个块最近被顺序写入时,它在近期内再次被访问的可能性很小,因此将其直接调整到 LRU 队列队尾,而不是将其放置在队首,以便将来首先被替换出去的机制。实验表明,BPLRU 能够很好地改善固态盘随机小写性能,提高了基于混合映射固态盘的缓存性能,但由于受限于混合映射方式,该算法并不能真正减少内存缓冲区中写请求的次数,性能还存在一定缺陷。

J. Hu 等在 BPLRU 的基础提出了一种更全面的缓存管理算法——PDU-LRU。它是一种面向减少闪存擦写次数、提高寿命的缓存算法。PDU-LRU 记录每个块的更新频度,并预测每个块将来被更改的距离。在选择替换块时,PDU-LRU 优先选择那些将来更新可能性最小的块,从而尽量使得写操作在缓存中完成而无须写到闪存上。从长期的角度来看,PDU-LRU 可以减少最终对闪存的擦写操作,提高固态盘总寿命。

HybridSSD 将新型的相变存储器(PCM)集成到固态盘内部用作日志区域来

吸收访问请求。由于相变存储器能够在原地修改(in-place update)数据,它可以吸收大部分写请求,减少实际到达闪存上的写操作,还可以以小于页面的粒度将内容读到缓存中,因而减少了读请求对内部资源,如数据线的竞争,有利于性能的提高。实验表明 HybridSSD 能有效地提高性能、改善寿命和降低能耗。

CFLRU[22]是利用闪存读/写性能的不对称性提出的一种优先置换只读页的缓冲区置换策略,针对闪存写操作代价高的特点在 LRU 算法基础上进行了改进。将缓存分为置换区和工作区,两个区域中的数据分别按 LRU 和 LFU 算法排序,选择数据替换时,优先替换置换区中的非脏数据。CFLRU 本质上是对传统 LRU 的一种改进,综合考虑减少对闪存的写操作和缓存命中率两方面的要求,选取折中的方法,使得总体性能达到最优。缺点是运行一段时间后形成的大量脏数据会影响缓存的命中率。

FAB[21]是一种针对便携式媒体播放设备设计的块级缓冲区管理算法。该算法维护了一个块层 LRU 链表,将缓冲区中属于同一块的数据页进行聚簇。发生缺页时,包含最多数据页的聚簇被优先置换出缓冲区,同时这个块中所有已修改的页都被写回闪存,从而降低闪存的随机写和擦除次数,提高固态盘的 I/O 性能。

Fclock[23]是针对闪存读/写代价的不对称性问题,尤其是不同闪存不对称性之间的巨大差异性问题而提出的一种基于闪存的自适应缓冲区管理算法。该算法中,数据页被组织成 CC 和 DC 两个环形的数据结构,CC 用于存储缓冲区中的只读数据页,DC 用于存储缓冲区中的已修改数据页。当需要选择置换页时,该算法在未修改的数据页和已修改数据页之间公平选择,适合于各种不同类型的固态盘。

最近,Y. Hu 等提出一种并行性感知的固态盘缓存管理算法 PASS。它是结合固态盘内部多层次并行性,以及负载在不同的时间段呈现出不同请求密度等特点,设计的一种主动自适应缓存管理算法。PASS 利用固态盘内部通道空闲的时间主动地将缓存数据写回闪存,以避免将来在 I/O 垂直路径上进行写回操作影响性能。同时,为了避免过度写回数据导致缓存写命中率降低而影响固态盘寿命,他们提出了一种智能地调整写回数据量阈值的算法 DAT。DAT 算法根据缓存的历史使用统计情况,包括命中率、当前擦写次数,决定当前写回数据的阈值,作为启动和关闭主动写回缓存的开关。若缓存中的脏数据量大于该阈值,则主动将脏数据写回;反之,则暂时不写回脏数据。

3. 固态盘内部多级并行性方面的研究

闪存芯片与传统机械硬盘的操作特点不同,它支持读(read)、写(program)和擦除(erase)三种操作,使用过程中只能是先擦后写,并且擦写次数有限。闪存芯片内的存储颗粒在经过很多次的擦除和编程操作后,浮栅场效应管中的浮栅级保留电量的能力将逐渐减弱,因此,闪存的擦写生命周期是有限的。

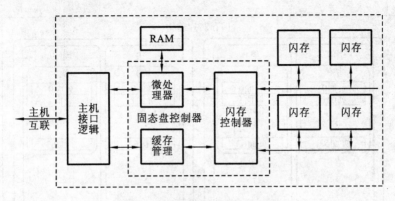

图 1.6　固态盘内部逻辑结构图

图 1.6 给出了固态盘的内部逻辑结构图。如图 1.6 所示,闪存是固态盘的数据存储部分,内部逻辑电路通过通道将所有闪存芯片连接起来,各个通道都可独立地对所连接的芯片并行访问[24]。其内部存在三种主要部件:主控芯片、闪存芯片和固件。主控芯片是整个固态盘的核心,负责调度、协调和控制整个固态盘系统,除此之外还负责合理安排数据在各个闪存芯片中的存放、数据中转,以及连接闪存芯片和外部 SATA 接口,同时还负责错误校正码(ECC)纠错、耗损均衡、坏块映射、读/写缓存、垃圾回收及加密等一系列的功能算法。闪存芯片则是固态盘的数据仓库。固态盘自身是具有高度并行的结构,如何挖掘这个结构上的并行性来提高外在性能是研究人员关注的一个问题。固态盘采用多通道结构。每个通道由大量闪存芯片组成,闪存芯片内部是一种多层次结构,依次由页面、块、组、晶圆、芯片构成。每个页面的大小一般为几千字节(通常为 4 KB),一个块包含几十(64～128)个页面,几千(1024 或 2048)个块构成一个组。组是闪存芯片内最基本的并行操作单元。因此,固态盘有四个层次的并行结构:通道间并行、芯片间并行、晶圆间并行、分组间并行[24]。利用好这四个层次的并行性对于提高固态盘的整体读/写性能非常重要。

在这方面,研究学者已经进行了很多研究,并取得了很多富有成效的研究成果。F. Chen[25]等提出了固态盘内部并行的概念,S. H. Park[26]等为多通道的固态盘设计了利用多通道的映射算法。N. Xiao[27]等提出了在高性能固态盘中利用多个通道,让多个请求分别由多个通道独立完成的思想。这些研究成果主要是针对通道间并行和芯片间并行进行的,对固态盘中晶圆间的并行和分组间的并行的研究还比较少。

4. 减少到固态盘写流量的研究

重复数据删除技术、增量编码与压缩技术等已经被广泛研究并利用来减少到固态盘的写流量、扩大有效闪存空间和延长固态盘寿命。闪存芯片内部结构如图

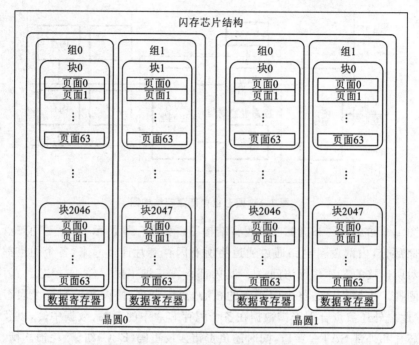

图 1.7　闪存芯片内部结构示意图

1.7所示。

　　(1)重复数据删除技术:是一种主流且非常热门的存储技术。备份设备中总是充斥着大量的冗余数据。重复数据删除技术(de-duplication)通过删除数据集中的重复数据,只保留一份副本,消除不必要的冗余数据,从而减少对磁盘存储空间的要求,提高存储效率。该技术在数据备份和归档系统中应用非常广泛,可以降低数据存储量,节省网络带宽,提高存储效率,节省成本。重复数据删除技术主要通过性能和重复数据删除率两方面来进行衡量,性能取决于具体的实现技术,重复数据删除率由数据本身的特性来决定。重复数据删除技术的基本思想是相同的块只存储一个副本或消除传输相同块的需要,由块内容的指纹确定,可以同时使用两种以上的哈希算法计算数据指纹,具有相同指纹的数据块被认定是相同的数据块,只保留一份副本,保证一个物理文件在存储系统中只和一个逻辑表示相对应。Venti[89]是一个用于归档数据的网络存储系统原型,它采用固定大小的数据块,并计算每个数据块的 SHA-1 值作为块标识,通过比较块的哈希值进行重复数据检测。Venti 采用了 write-once(写一次)策略,每个数据块只有唯一地址,多次写入相同的数据块,其地址相同,从而保证每个数据块只存储一次。LBFS[86]在网络文件系统中使用可变长度的块来计算哈希值,通过挖掘文件之间的相似性来达到节省网络带宽的目的,它比传统的文件系统少消耗一个数量级的带宽。

DERD[73]用冗余消除和相似性检测来探讨文件之间存在的共同点和相似性。I/O重复数据删除[79]用重复数据检测技术来消除重复的 I/O,它计算每个写入请求的指纹,并检查传入的请求内容是否已存在。近年来,重复数据删除技术已经被应用到固态盘中,通过消除重复的写请求以延长寿命。内容感知的固态盘(CA-SSD)[64]显示了在固态盘中这种重复数据删除技术的有效性。

(2)增量编码与压缩技术:少量发生在相同块地址的连续变化被研究界长期观察来优化存储设备,压缩是通过减少计算机中所存储数据的冗余度,将重复信息用占用空间较少的符号或代码来代替,以增大数据密度,使数据存储空间减少的技术,也早就被用来提高内存和设备空间的使用效率。TRAP[94]采用连续数据保护(CDP)的架构,用增量编码有效地存储历史数据。具体而言,对每个传入的写请求,只存储新内容和旧内容的异或结果。结果表明 TRAP 可以显著减少所需的存储容量。ICash[29]用一个复杂的算法将固态盘和机械硬盘智能地耦合在一起形成一个混合阵列,其中固态盘存储很少修改的参考块,机械硬盘存储相对于参考块的增量变化。ICash 的优点在于它利用固态盘和机械硬盘的优势互补并使用增量编码来利用频繁的小量变化。自适应 MMC[95]将整个内存空间划分为未压缩区和压缩区来扩大有效的存储空间。同样,FlaZ[84]将全部数据以压缩形式存储在固态盘上来扩大有效的固态盘存储空间。本书提出的 Flash Saver 也用同样的方法来处理元数据的修改。

(3)固态盘写流量优化:写流量,尤其是小的随机写请求,对固态盘的寿命和可靠性是很不利的。已经提出了几种有效的方案优化到固态盘的写流量。混合固态盘[92]将一个相变存储器区集成到固态盘中作为高速缓存层来吸收大部分的随机写。IPL[80]为每块指定日志页,块更改都记录在日志页中,而不是直接写入闪存页面,最后以批处理的方式合并。BPLRU[20]制定一个新的缓存替换算法来优化写流量。

5. 固态盘应用研究

在传统存储系统中,提高外存性能主要采用冗余磁盘阵列技术(RAID),以多个磁盘并行工作的方式为 CPU 提供数据,消除 I/O 瓶颈。近年来,由于性能、能耗、可靠性等方面的优点,固态盘被越来越多地应用于现代存储系统中,以提高存储系统性能,解决 I/O 瓶颈问题。构建完全由固态盘组成的大规模存储系统成本很昂贵,主要应用在高性能计算环境下。目前最常见的使用方式是小规模使用固态盘替代机械硬盘或者构建由机械硬盘/固态盘组成的混合式存储系统以利用它们各自的优点获得较佳的性价比。图 1.8 显示了应用进程层发出的请求到底层存储系统的 I/O 访问路径。如图 1.8 所示,固态盘可以三种方式应用到存储系统中:①替换原来的机械硬盘作为存储设备;②用作机械硬盘上的缓存层;③与机械硬盘处于同一层上协同工作。研究人员对如何更好地在存储系统中应用进行了充分的研究,其目标是既要充分地利用固态盘的潜能,同时又要避免其缺陷(主要是减少对有害的、性能差的随机小写请求,从而延长寿命)。这方面的研究工作主要围绕着图 1.8 所示的路径进行优化,包括文件系统层、页面缓存层和内核通用块层。除此之外,对固态盘的应用研究还包括有效地利用固态盘的异地写特点、固态盘在数据库系统下的应用,以及与机械硬盘构成高性能、低能耗的混合式存储系统。

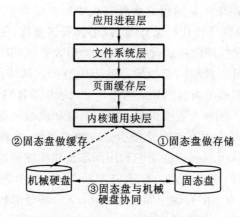

图 1.8　请求 I/O 路径访问图

　　文件系统是表示数据在磁盘上组织结构的抽象,它是进程(用户)访问磁盘数据的基本接口。在文件系统层进行优化,可以改变用户访问数据的模式。面向固态盘的文件系统层优化主要有两种实现方式,一是对普通文件系统进行优化,二是完全重新设计专门面向固态盘的文件系统。虽然实现方式不同,但这两种方式的共同出发点都是利用日志思想尽量将随机小写请求转化为顺序写操作。专门针对闪存而设计的文件系统有 FFS、JFFS、YAFFS、eNVy 和 DFS。JFFS 和 YAFFS 主要是针对移动终端环境设计的面向闪存的文件系统,它们在数据结构和算法的选择方面都充分考虑了闪存的特征,将部分磨损均衡和减少擦除操作的功能放在文件系统层面实现。eNVy 是一种早期的闪存文件系统,它使用闪存芯片做存储设备,并在闪存上插入一个带电的非易失 SRAM 模块做缓存,以吸收对同一个块的写操作,减少到达闪存的写操作。DFS(直接访问文件系统)是针对虚拟闪存空间而设计的文件系统,它具有两个主要特征,一是将数据直接分布在由 FusionIO 虚出的巨大闪存空间中,二是它在虚拟层进行块分配和原子更新操作。C.Min 等在 NILFS2 文件系统的基础上提出面向减少随机写的文件系统 SFS。SFS 将日志文件系统的思想引入 NILFS2 中,并且在日志记录写操作时按照数据块被更新的可能性分类,将具有相似更新可能性的数据块组织在同一个段中,使得所有的日志段(segment)的使用呈现双峰分布(bimodal),以减少日志文件系统日志段回收(segment cleaning)的开销。

RAM 访问性能比固态盘的高一个数量级,固态盘的性能比机械硬盘的高两个数量级,而固态盘的价格大约是 RAM 的百分之一,且仅是机械硬盘的 10 倍左右。因此,将固态盘应用在 RAM 与机械硬盘之间作为内存扩展会获得很好的性价比。A. Badam 等提出一种叫 SSDAlloc 的系统。SSDAlloc 使用固态盘做内存的扩展,应用可以使用修改的内存管理接口获得几百吉字节大小的内存,提高了系统性能。M. Saxena 和 M. M. Swift 则提出 FlashVM 系统,利用固态盘做虚拟内存的扩展。他们通过修改内核中与内存管理相关的代码并考虑到固态盘的特性,使得在提高性能的同时减少了对固态盘的写操作。

在块层对固态盘的应用进行优化主要包括两方面的研究,一是设计面向固态盘的 I/O 调度器在 I/O 调度器层对 I/O 请求进行优化;二是在调度器层用固态盘缓存 I/O 请求,然后再批量写回到机械硬盘上,以避免机械硬盘的随机访问请求。I/O 调度器层是应用 I/O 请求到达磁盘的最后一环。Linux 内核提供了一套完整的接口供不同的调度器实现相应的优化措施,如对请求进行排序、对相邻请求进行合并操作等。J. Kim 等提出了两种针对固态盘的 I/O 调度器 IRBW-FIFO 和 IRBW-FIFO-RP。这两种调度器都将写操作请求组合并排序成一定大小的请求后再发送到固态盘,而不对读请求进行优化。这样做的原因在于:①固态盘的顺序写比随机写性能好,因此需要尽量创造顺序写操作;②顺序读和随机读的性能差别不大,因此对读请求做类似优化可能不会获得相应的性能提升,相反,还会引入额外的排序计算开销。这两种调度器的不同点在于 IRBW-FIFO 完全按照先进先出(FIFO)的方式将读/写请求发送到固态盘上,而 IRBW-FIFO-RP 在发送请求时优先发送读请求。M. Dunn 和 N. Reddy 提出利用固态盘的块大小参数对已有的 I/O 调度器进行修改,使得每次下发到固态盘上的请求大小都与块大小相同,以提高性能。因为跨块页面操作的开销比在同一块内页面操作的开销要大。S. Park 和 K. Shen 实现了一个既保证应用之间公平性,又具有较高性能的面向固态盘的 I/O 调度器 FIOS。它的主要思想是将读、写请求分开以批量发送的方式将请求下发到固态盘上以避免读、写之间相互干扰。X. Zhang 等提出 iTransformer,在 I/O 调度器层加入一层由固态盘构成的缓存层暂时缓存 I/O 请求,然后再统一写回机械硬盘。iTransformer 主要是为了解决多应用并发访问共享的机械硬盘资源导致机械硬盘磁头不停地来回移动而影响性能的问题而设计的。引入固态盘缓存层,一方面扩大了 I/O 请求的缓存空间且由于固态盘非易失性特点,可以防止掉电丢失数据,另一方面,对固态盘上缓存的 I/O 请求进行排序和批量下发,可以减少到达机械硬盘的随机访问请求,从而提高系统性能。

混合式机械硬盘/固态盘存储系统是当前研究如何应用固态盘的一个焦点。从目前的技术条件来看,固态盘具有性能、能耗等方面的优点,同时也有价格高、容量小、寿命短等缺点,而机械硬盘虽然随机性能很差,但顺序访问性能很好,甚至可以达到与固态盘相当的性能,而且它具有巨大的容量和几乎无限长的寿命。因此如何将两者有效地利用起来,利用各自的优点,弥补相互的缺陷,达到以机械硬盘的成本来获得固态盘的性能,是当前固态盘应用的一条可行之路。研究人员从不同角度出发,提出了多种混合式机械硬盘/固态盘存储系统。

Griffin 是 G. Soundararajan 等提出的一种混合式机械硬盘/固态盘存储结构,其目标在于延长固态盘的使用寿命。它使用机械硬盘作为固态盘前面的缓存层,所有的写请求都是先以日志的形式记录在机械硬盘上,然后在适当的时候再统一写回到固态盘上。Griffin 利用机械硬盘的高顺序访问性能,同时避免了固态盘上的小写请求。但它的缺陷在于如果所请求的数据没有及时同步到固态盘上,则获得该数据需要先将机械硬盘上的内容同步到固态盘上,再从固态盘上读取,这可能会降低性能。FlaZ 采用压缩技术来提高固态盘作为机械硬盘上缓存的有效空间。ICash 是一个利用 I/O 访问的内容相似性现象来改善固态盘小写问题的混合式存储系统。在 ICash 中,机械硬盘与固态盘处于同一层上工作。对于新到来的写请求,它先异或计算新内容与固态盘上原内容(参考块)之间的内容差量(delta),然后将 delta 写入该数据块对应的机械硬盘日志空间;获取数据时,需要同时读取固态盘上的参考块以及机械硬盘上对应的 delta 日志,然后返回计算得出的最新内容。由于访问内容具有很大的相似性,ICash 不仅提高了性能,而且还减少了总的写数据量。Hystor 是一种在块层实现的混合式存储系统。它将固态盘和机械硬盘结合起来构成统一的逻辑地址空间。为了获得较好性能,它将那些访问性能较慢的块和文件系统语义块(semantically critical)存储在快速的固态盘上,而将其他块存放在机械硬盘上。与此类似,差异化存储服务(differentiated storage services,DSS)也将请求分类存储在机械硬盘和固态盘上。区别在于两者实现方式不同,Hystor 在块层根据数据块的访问历史来判断热点数据块,而 DSS 则是通过文件系统传递到块层的信息提示(hint message)来判断哪些块存储在固态盘上。B. Debnath 等提出,Chunkstash 将固态盘应用到在线重复数据删除系统里,用来专门存储元数据索引,以加快索引查找速度。

由于数据库应用的访问请求中存在大量的随机小请求,这类应用往往在基于机械硬盘的存储系统上性能受到很大限制。因此,如何利用固态盘高随机性能,尤其是随机读性能,来提高数据库应用性能,是固态盘应用的一个重要方向。S. Lee 和 B. Moon 提出页内记录(in-page logging,IPL)方法将基于闪存的固态盘应用在数据库服务器中。IPL 将每个闪存块分为数据页面和日志页面。块内数据页面用来存放数据,而日志页面用来记录对数据页面的更新内容。数据库应用每次对数据块的更新往往很小,数据页面的更新内容以扇区为单位库在上层 RAM 中缓存,当更新内容积累到一定大小(页面大小)时,再写回到对应的日志页面中。

日志页面用完时,将日志页面与对应的数据页面进行合并释放空间。IPL 与传统的日志记录方式的不同之处在于,它将日志页面分散在不同的块中而不是集中地使用某块区域做日志,因而可以利用固态盘的高随机性能并发地写日志,提高性能。后来,S. Lee 等又对在数据库服务器中的应用进行了大量的测试。

1.3.2　采用固态盘的存储系统研究

固态盘由于具有速度快、可靠性高、功耗低等优势,在现代存储系统中的应用越来越多,用于解决系统的 I/O 瓶颈问题,提高存储系统性能。关于如何在现代存储系统中应用固态盘已经有了大量的研究工作,这些研究主要是从减少对固态盘性能影响大的随机小写请求来延长固态盘寿命、对 I/O 请求路径进行合理优化等方面展开,这既可充分利用固态盘的性能优势,又避免其自身缺陷。另外,对固态盘的应用研究还包括:与机械硬盘一起构成高性能、低能耗的混合式存储架构,以及固态盘在数据库系统下的应用等。

关于固态盘的 I/O 请求访问路径的优化已经有了丰富的研究成果。目前,Linux 内核支持四种 I/O 调度器,分别是 Noop 调度器、截止期 Deadline 调度器、完全公平队列 CFQ(Completely Fair Queuing)调度器和预期调度 AS(Anticipatory Scheduling)调度器[50]。用户可以根据应用特征和应用需求选择合适的调度器。除了 Noop,其他三个调度器都对底层的机械硬盘做了很多相应的优化,一个最常见的优化技术是创建连续的请求以尽量减少请求之间的旋转开销。Noop 调度器是四种调度器中最简单的,它在将请求传递到底层设备驱动程序之前只做了非常有限的优化。在 Noop 调度器中,所有请求只是简单地按 FIFO方式排队,并且只检查两个连续的请求是否可以合并。在已有的研究中,考虑到固态盘是一种随机存储磁盘[51],大多数系统只是简单地应用 Noop 调度器。然而,Noop 调度程序无法充分利用固态盘的优势,例如,它不能对读、写请求分开处理,这种情况往往会引起读操作被写阻止的问题[52]。此外,由于 Noop 调度器没有考虑不同进程的内在要求,因而会引起严重的不公平性。Deadline 调度器在Noop 调度器的基础上进行相应的改进,它将读和写请求分别放置在不同的 FIFO列表和红黑树上,并对每个请求设置截止期限,以确保每个请求在设定的期限之前被调度,避免请求饿死。每一个读请求同时被放置在一个读 FIFO 列表和一棵读红黑树上,该红黑树是按请求的地址排序的。类似地,每一个写请求也同时放置在一个写 FIFO 列表和一棵写红黑树上。在选择请求调度时,如果有过期的请求,则立即调度过期的请求,否则选择调度与上一个请求物理距离最近的请求。CFQ 调度器在所有发出请求的进程中分配 I/O 带宽,每个进程都分配一个不同的队列,所有的队列按固定的时间片大小以循环轮转的方式进行调度。同时,该调度器还对每个进程队列中的请求按所访问的磁盘位置进行排序。除此之外,与

Deadline 调度器相似,它还实现了请求的截止期限功能,即优先调度那些已经过了截止期限的请求。然而由于缺乏 I/O 请求的进程信息,因此,在虚拟化环境下,CFQ 调度器的效果可能无法达到最优[50]。预期调度 AS 调度器解决了 I/O 调度过程中应用程序经常呈现的“假空闲”现象。当出现任何 I/O 空闲时,其他调度器通常立即停止对当前进程的调度,而切换到另一个进程进行 I/O 调度。预期调度 AS 调度器则等待一段短时间以检查该进程在最近的将来是否有请求到达,直到所设置的预期时间变为零才停止等待。由于许多应用存在大量同步读请求,因此该调度器表现出更高的性能[54]。然而,应用到固态盘环境时,由于固态盘不具有机械部件,因此增加调度的预期时间将不会得到很好的效果,甚至会浪费一些宝贵的调度时机。

另外,合作预期 CAS 调度器[62]是对预期调度 AS 调度器的改进,消除了 AS 调度器调度过程中可能出现的进程饥饿现象。Fahrrad[63]为每个进程提供磁盘利用率保证,而 Argon[64]为每个进程提供吞吐量保证,避免性能干扰和高速缓存污染。进程信息在块层,如在虚拟机和网络环境下并不总是可获得的,Xu 等人[53]提出只根据请求特征来获得必要的请求位置信息。然而,这些调度器都是基于传统机械硬盘的假设而设计的。近年来也有研究改善传统的 I/O 调度器和设计新的调度器以适应固态盘存储。Park 等人[51]提出了一种新的固态盘调度器,其基本思想是考虑调度与前一个请求在相同的块范围内的写请求,以避免块阻止跨界开销。Park 和 Shen[52]设计了一个面向固态盘的调度器,该调度器能够同时实现高性能和很好的公平性。Guo 等设计了一个面向固态盘的块 I/O 调度器——SBIOS[38],通过将读请求分派到不同的块来充分利用固态盘内部并行性,以提高系统的性能。Sun 等[39]在 Linux 2.6.34 上实现了一个 I/O 调度器——Layer_Read,通过将读请求以循环轮转的方式分派到不同的子层来利用固态盘内部的并行性特征。

对固态盘的应用研究还包括与机械硬盘一起构成高性能、低能耗的混合式存储架构。混合硬盘,顾名思义就是固态盘加机械硬盘,集成两种硬盘的特点,获得功耗降低、读/写速度提升和硬盘寿命延长的优点。

固态盘价格较高,其应用受到一定限制,主要用在高性能计算和如军事、航空等特殊领域中,其想要完全取代容量价格比高的机械硬盘还有一段过程。因此一些硬盘厂商就想出了混合硬盘的方法,将固态盘和机械硬盘混合使用,综合两种硬盘的性能优点来获得较优性价比。目前,固态盘主要有以下三种应用模式:

(1)替换原来的机械硬盘作为存储设备。目前的主要应用领域是笔记本电脑。笔记本电脑使用固态盘作为系统盘,开机非常快,其系统启动时间与同等条件下使用机械硬盘的系统启动时间相比,至少可以节省一半的时间。在接口方面,为了与传统机械硬盘兼容,固态盘仍然采用传统机械磁盘的 IDE 接口和

SATA 接口。

　　(2)与机械硬盘处于同一层上协同工作,即带有固态盘的改进硬盘。固态盘和机械硬盘一起作为存储系统的两个独立的存储设备,存储系统容量为两部分容量之和。将经常访问的或者是最近访问的数据存放或迁移到固态盘上,从而获得低的访问延时,并且可以利用不同设备之间的并发性提高系统整体吞吐量,获得更好的性能。其缺点是,设计比较复杂,固态盘和机械硬盘之间的数据迁移也会对系统性能产生影响。Intel 公司的方案是:在主机板上插入一张固态盘的缓存加速卡,称为 Robson 加速卡。数据写入时,首先写入 Robson 加速卡,只有当加速卡闪存空间写满的时候,系统才会启动硬盘,将数据写入硬盘。采用这种方式,硬盘可以长时间处于休眠状态,从而大幅降低系统能耗,延长硬盘的使用寿命。Robson 加速卡的闪存容量越大,缓存中可以写入的数据就越多,启动硬盘的机会就越少,系统能耗也越低。

　　(3)缓存分层架构。这种架构具体有两种,一种是机械硬盘做固态盘的缓存层,另一种是将固态盘作为机械硬盘的缓存层。机械硬盘做固态盘的缓存层,由于固态盘的写性能较差,因此,一种方案是,可以考虑用普通的机械硬盘做固态盘的写缓存。如 Griffin 就用机械硬盘作为固态盘上的缓存层,将随机写缓冲和转换为顺序写。利用机械硬盘顺序访问性能高的优势,首先将数据写入机械硬盘,再在适当的时候写回固态盘中,避免了固态盘上的小写请求。另一种方案是,用固态盘来做机械硬盘的缓存层,当有 I/O 请求到达时,首先在固态盘中查找数据是否已在固态盘中缓存,若有,则访问固态盘设备,若没有,则需要访问机械硬盘部分。在缓存分层的结构下,由于固态盘的随机写性能远高于机械硬盘的,故用固态盘来做预写,然后将写入的内容批量写入机械硬盘中,从而获得性能的提升。但缓存分层结构也有诸如数据一致性维护、耗损不均匀等问题。目前,Facebook 的 flashcache 是缓存分层结构的典型代表。

　　考虑到价格、性能和可靠性等多方面因素,对如何将固态盘与机械硬盘结合构成混合式存储系统已经进行了很多研究。ICash[29] 将机械硬盘和固态盘智能地耦合在一个架构中,将很少修改的数据块存储在固态盘上作为参考块,而相对于参考块的小增量变化被记录在机械硬盘上。通过这种方式充分利用机械硬盘和固态盘各自的优势,实现互补。F. Chen[25] 提出将机械硬盘与固态盘结合成一个虚拟块设备驱动器,通过对 I/O 负载的监控,将影响系统性能的关键数据块从机械硬盘迁移到固态盘上,并通过对上层数据信息的语义理解,将元数据块迁移到固态盘上,加快元数据的读取。Griffin 用机械硬盘来缓存固态盘的写请求,从而减少对固态盘的写操作,延长固态盘寿命。Seagate 公司推出的 Momentus XT 也是一种混合式存储设备,由一块 4 GB 大小的固态盘和一块大的机械硬盘组成,其基本思想是将尺寸小、访问频率高的数据放在固态盘上,而将尺寸大、访问频率低的数据存放在机械硬盘上。

数据库中的数据访问操作一般是小数据块的随机读/写,要求较短的响应时间,采用固态盘组成的存储系统既可以提供很高的 IOPS,又可以最大限度地利用其容量。传统数据库一般基于机械硬盘而设计,硬盘具有容量大、成本低、非易失和稳定等优点,但访问速度比较慢,不利于构造高性能的数据库应用。随着闪存技术的发展,固态盘也逐渐应用到数据库系统的存储中,但由于其价格较高,因此目前多和机械硬盘一起构成混合式存储系统,在提升性能的同时,以低成本代价得到大的存储容量。通过在数据库的存储层引入固态盘,用固态盘存储那些访问频繁的数据,能够充分利用固态盘访问性能明显高于机械硬盘的优点,特别是对于随机读/写操作,从而提升数据库负载的整体性能和服务能力。

随着闪存技术的不断发展,基于闪存的固态盘有取代传统的机械硬盘的趋势,然而,由于价格及一些内在的技术缺陷问题,在企业应用中固态盘完全代替机械硬盘成为主流的存储系统设备还需要一段时间。考虑到固态盘的价格、性能、可靠性及部分技术缺陷,将固态盘和机械硬盘结合构成混合式存储系统是一种实际可行的方法。

1.4　本书主要内容

本书共分为 8 章。

第 1 章介绍存储系统,对固态盘技术做了简单介绍,主要对固态盘技术的研究现状进行了分析和总结,包括对固态盘性能的研究和采用固态盘的存储系统研究两方面,之后阐述了本书的主要研究内容及贡献。

第 2 章中的连续数据保护技术属于数据备份技术,是一种从时间维度上提高数据可靠性和可用性的技术。它跟踪并保存存储系统的所有状态变化,并在需要恢复的时候将存储系统状态回滚到任意历史时间点的状态。针对连续数据保护系统的技术需求设计并实现了三种元数据管理方法,其中两种是简单的基于 MySQL 数据库的实现(DIR_MySQL 和 OPT_MySQL),而另一种是根据应用特点而设计的(META_CDP)。实验结果表明,META_CDP 比其他两种方法效率要高很多,而且其性能也是在可接受范围内。除此之外,还详细讨论了两种不同的恢复算法,即全量恢复和增量恢复,用户可以根据所需要恢复的目标时间点信息选择其中一种以达到较佳的恢复速度。

第 3 章提出了一种新的具有内部混合架构的固态盘(SMARC)的设计方法,该架构同时包含 SLC 和 MLC 两种闪存体,而不是只 SLC 或 MLC。通过在 FTL 的映射表中增加读计数器和写计数器,利用计数器的值来进行热点数据判断,并通过配置与 SLC 区域有关的阈值,控制是否进行数据迁移。同时为保证这种混合架构内部的耗损均衡,用 SLC 和 MLC 区域之间的平均剩余寿命差异指标来控制动态数据迁移过程。通过定期在两个不同部分(SLC 和 MLC 区域)之间根据运行的工作负载动态迁移数据,所提出的架构能够充分利用各自的优势互补,以提高系统整体的性能和可靠性。关于各种工作负载的仿真结果显示,SMARC 可以有效地改善存储系统性能,同时,显著地提高系统可靠性和减少能源消耗。而且,SMARC 可以很容易地扩展以提供各种差异化的存储服务,为现代存储系统提供重要的应用。

第 4 章设计了一种基于区域的高效固态盘调度程序。已有的 Linux 内核 I/O 调度程序大多都是基于传统旋转式硬盘驱动器进行设计和优化的,但由于固态盘比机械硬盘具有更多种不同的操作特性,它们在固态盘上工作时表现并不理想。在本章中,结合固态盘的特殊性设计了一种新的固态盘调度程序:分区调度器。首先,把整个固态盘空间分成几个区域作为基本调度单位,利用其内部广泛的并行性同时发起请求。其次,利用读请求比写请求快得多的事实,优先读请求,避免过多的读对写操作的封锁干扰。最后,在每个区域的调度队列中,若预测到随机写转化成顺序写,则在发出之前将写请求排序,来避免有害的随机写。基于各种工作负载的实验结果表明,区域调度策略因其成功地将随机写转化成顺序写,与四种内核 I/O 调度程序中最好者相比能够改善 17%~32% 的性能,同时提高固态盘的生命周期。

第 5 章提出了 Flash Saver,耦合 EXT2/3 文件系统,同时采用重复数据删除和增量编码两种技术显著降低到固态盘的写流量。基于闪存的固态盘在整个存储系统中日益流行,尽管它们有非常吸引人的性能优势,但也有其自身的缺点。关键的问题是其有限的寿命和随容量被消耗而逐渐衰减的可靠性。各种缓存优化和重复数据消除技术已经被提出来解决这些问题,它们的主要原则是试图减少到固态盘的有效写流量。在本章中,具体来说,Flash Saver 将重复数据删除技术用于文件系统数据块,将增量编码用于文件系统元数据块。实验结果表明,Flash Saver 可减少高达 63% 的总写流量,这意味着合理地延长了寿命,实现了更大的有效闪存空间和更高的系统可靠性。

第 6 章设计了一种利用固态盘的冗余高效能云存储系统架构。现代数据中心的能源消耗已日益成为一个严重的问题,电费成本已经占到了总拥有成本(total cost of ownership,TCO)的重要部分并预计将以更快的速度在随后的几年内增加。为减少云基础架构的能源消耗,本章中设计的这种利用固态盘的冗余高效能云存储系统架构主要包括元数据块服务器 MDS、loggers 和数据块服务器三部分。引入新的基于固态盘的服务器作为 loggers,来缓冲那些暂时关闭的数据块服务器的写入/更新请求。固态盘对顺序和随机模式都有极快的读取速度,基于此,提出了将读请求以更高的优先级转移到 loggers 的方法,来为读请求提供更好的服务性能。另外,通过改变数据布局的策略,可以保持大部分的冗余存储节点在待机模式甚至大部分时间关闭。同时设计了一个实时工作负载监视器 instructor。该监视器可以根据工作负载的变化,控制数据块服务器的启动和关闭,系统能耗和性能之间的权衡也可以通过调整权衡指标来实现。

第 7 章设计了基于固态盘缓存的混合式存储系统 HSStore。由于固态盘和机械硬盘在性能、容量、成本、寿命等方面具有互补的特点,因此在当前的技术条件下构建由固态盘和机械硬盘组成的混合式存储系统是比较可行的方案。这类混合式存储系统既能够利用固态盘的高性能为系统提高 I/O 服务,同时也能够利用机械硬盘的大容量、低成本等优点。本书提出一种固态盘与机械硬盘相结合的混合式存储系统 HSStore。HSStore 建立在 Linux 的设备映射(device-mapper)机制基础上,将固态盘和机械硬盘抽象成一个统一的逻辑设备。在 HSStore 内部,固态盘以缓存层的形式工作在机械硬盘上层,并且采用相应的请求分配策略和缓存管理算法,将友好、与性能密切相关的数据块放置在固态盘缓存中,其目标在于既利用固态盘的高性能,同时又避免它过快地磨损,延长其使用寿命。

第 8 章是总结与展望。本章总结了所做研究工作,并对今后的工作进行了展望。

第 2 章　块级连续数据保护系统元数据管理方法研究

存储系统功能很强大，但其可靠性很脆弱，如何保障数据的可靠性，是存储系统需要解决的一个重要命题。随着大数据和云计算应用的出现，数据越来越依靠网络而存在，因而其所面临的安全威胁也日益复杂化和多样化。

随着信息化水平的不断提高，企业数据成为企业的重要财富。数据是企业赖以生存和发展的基础，数据的安全对于企业来说更是至关重要。数据的丢失或者泄露都会给企业带来难以弥补的损失。一般来说，企业每年在数据存储及数据安全上都会给予巨大的投入。然而，存储系统时刻面临着来自各种不同的危险，包括硬件损坏、自然灾害、掉电危险、病毒入侵、操作失误、软件缺陷等，如何安全地保护数据避免遭受各种危险而导致数据丢失或泄露是系统设计人员和数据管理人员必须首先要考虑的问题。按照安全威胁的特点，可以将安全威胁大致分为硬威胁和软威胁。已有的灾备技术能够针对软、硬错误对数据施加保护，如周期数据备份技术（data backup）、镜像（mirror）可以有效地应对硬威胁，而连续数据保护技术可以使得存储系统从软威胁中恢复过来。

周期备份是将存储系统中的数据在每隔固定时间间隔（如一周一次）集中传送到指定的服务器上存储的技术。每进行一次数据备份操作，在服务器端就存有对应备份时间点的一个数据映像版本。当数据灾难发生时，再从服务器获得离灾难发生时刻最近的数据映像。然而周期备份技术具有其自身的缺陷。首先，备份技术对应用影响较大。在对数据进行备份操作时，往往需要停止正在运行的业务，而且停机时间与需要备份的数据量大小有关，数据量越大，则需要的停机时间（备份窗口）就越长，这在某些应用环境下是难以接受的。其次，灾难发生时，它只能提供离灾难发生时刻点最近的备份时间点对应的数据映像。在该备份点与灾难发生点之间发生的数据更改将无法获得，即仍然存在数据丢失的风险，且最大数据丢失量为一个备份窗口内产生的数据。如何对数据进行正确有效的存储和实施数据保护，是信息时代下的企业都会面临和必须解决的问题。

连续数据保护（CDP）技术[6]是一种新的数据保护技术，它的提出就是为了解决传统备份技术需要停机进行备份、灾难发生时数据丢失量大等问题。全球网络存储工业协会（SNIA）给连续数据保护的定义是：连续数据保护是一套方法，它可以捕获或跟踪数据的变化，并将其在生产数据之外独立存放，以确保数据可以恢复到过去任意时间点。顾名思义，连续数据保护就是持续地对存储系统进行安全保护，而不需要专门地对系统进行停机操作。它持续地跟踪和保存存储系统发生的状态变化，即它具有存储状态任意时间点的映像版本。因此与备份技术相比，它能够将存储系统状态恢复到与灾难发生点无限接近的时刻，而不只是有限的备份时间点，数据丢失量大大减少。因此，企业通常采用备份与连续数据保护相结合的方式来保证数据可靠安全，即对数据进行周期性的备份以作为数据参照版本，而在两次备份点之间则采用连续数据保护技术以减少灾难发生时的数据丢失量。它持续实时地跟踪、捕获数据变化,并将其记录到专用的存储设备或通过网络发送到专用服务器上,在故障发生时,能够将被保护的数据状态恢复到任意时间点。连续数据保护是一种新兴的数据备份和恢复模式,它比传统数据保护技术具有更高的可靠性,能为客户提供任意时刻的目标恢复点。连续数据保护持续地捕获并记录受保护磁盘上的所有磁盘操作时,会产生大量的信息,因而一种有效的 I/O 记录(描述每个 I/O 操作的信息)组织方式是连续数据保护系统性能的关键之一。

与灾备技术密切相关的两个概念分别是目标恢复点(recovery point objective,RPO)和目标恢复时间(recovery time objective,RTO)。它们是衡量一个灾备技术应急能力和数据保护的关键指标。目标恢复点是指灾难发生时可以选择恢复到的时间点,它与对系统施加数据保护的粒度相对应,同时它也反映了灾难发生时可能引起的数据丢失量的多少。周期备份技术的目标恢复点是那些进行备份操作的时刻点,即有限的数据备份点,如过去 2 个月中的每周日晚 00:00 点,而连续数据保护的目标恢复点则可以是从启动数据保护时刻到灾难发生时刻之间的任意时间点。目标恢复时间是指从系统启动恢复操作到完成恢复操作后系统可以继续运行所需要的时间,它受数据保护方法、需要恢复的数据量、数据组织方式的影响。灾备技术的理想目标恢复时间是 0,即灾难发生时,系统能够迅速地恢复到可用状态。一般情况下,连续数据保护的目标恢复时间比数据备份技术的短多了,因为它只需要恢复自系统启动以来所发生的数据修改,而不需要像备份一样对所有数据集进行恢复。

按照连续数据保护的实现位置可以将其分为应用级、文件级和块级。应用级连续数据保护往往与特定的应用程序深度结合,比如,特定的数据库管理系统。它通过跟踪应用层变化并利用应用系统提供的协议保证数据保护的一致性。文件级连续数据保护与特定文件系统相结合,它通过跟踪文件系统调用来实现跟踪数据变化,可以对单个文件、文件目录或整个文件系统实行数据保护。与应用级连续数据保护类似,文件级连续数据保护也与特定文件系统相关联,需要系统实现人员对目标文件系统实现原理有很好的了解。文件系统的多样性限制了文件级连续数据保护系统广泛应用,使其缺乏兼容性和可移植性。块级连续数据保护则在块设备层实现数据变化的捕获,而与上层应用无关,因而具有更好的灵活性和更高的可移植性。但是它的保护单元必须是以卷为单元。按照保护粒度划分,连续数据保护系统又可分为精确连续数据保护系统和近似(near)连续数据保护系统。精确连续数据保护系统跟踪并保存系统的每一次操作变化,而近似连续数据保护系统则间隔性地跟踪状态变化。连续数据保护系统通常有两种实现方式,即重定向(indirection)和写时复制(copy-on-write,COW)。重定向是指数据需要被修改时,新数据内容被写到新位置而不是在原位置上直接进行更新,然后通过修改逻辑映射关系使其指向新的物理地址,这样上层应用通过逻辑接口访问到的仍然是最新的内容,而原位置上的历史数据却被保留了,可以用来进行数据恢复。写时复制是指在数据需要被修改前,先把原位置上的数据拷贝出来,存储到另外的专门存储空间,然后再在原位置上更新数据。通常来讲,重定向适用于应用级和文件级连续数据保护系统的实现,而写时复制则适合于块级连续数据保护系统的实现。

如前所述,实现连续数据保护技术的关键在于保存历史数据,以及恢复时检索出对应的历史数据。对于细粒度的连续数据保护系统来说,系统会产生大量的历史数据。如何管理这些历史数据是连续数据保护系统面临的重要问题之一。Q. Yang等人提出一种新的块级连续数据保护系统 TRAP。每次数据块被修改时,TRAP 先计算新内容与原内容之间的异或(XOR)值,然后对其进行压缩,产生很小的内容增量,最后只需要存储这些内容增量。通过这种方式,能够在很大程度上减少历史数据所占用的存储空间。恢复时则需要检索出目标恢复点的历史数据,并将其写回到对应的物理位置即可。

与传统的数据保护技术相比,连续数据保护技术具有很多特点和优点[7]。连续数据保护能够提供无限多的目标恢复点和几乎为零的目标恢复时间。持续数据保护技术的这些特点和优点是保证业务连续性的关键,大大地增强了系统的可靠性。

连续数据保护技术自出现至今短短几年内,吸引了业界和学术界的大量关注。在业界,很多 IT 公司,包括 IBM、Microsoft、EMC、Symantec、Falconstor 都研发出了比较成熟的产品。文献[8]提出了在存储控制器中根据在写路径上捕获数据的位置不同而实现四种连续数据保护架构,并对每种架构的系统从性能和空间开销方面进行了深入的分析。文献[9]解决了内核态下实现连续数据保护移植性的问题,提出了 NFS 服务器用户态连续数据保护的四种实现,并对其性能进行了比较。因连续数据保护系统需要持续地记录每个数据块,因而连续数据保护系统本身将会产生大量数据,TRAP[10] 解决了连续数据保护系统中存储空间的问题,它并不存储每个更新数据块的内容,而是存储更新内容与历史数据异或(XOR)结果中的非零数据,这样大大地节约了存储空间。但这种方法在某些情况下所需的恢复时间较长,是一种以时间换空间的方法。文献[11]则在此基础上,通过在其奇偶编码链中插入周期性快照的方法来缩短恢复时的检索长度,从而减少恢复时间。文献[12]将版本文件系统技术与连续数据保护技术结合起来,这种方式利用块级连续数据保护技术能够得到比一般的版本文件系统(EXT3cow[13])更多的文件系统版本,而且不用修改文件系统本身,因而对文件系统的性能影响很小。ShiftFlash[14]利用新型存储介质固态盘本身的物理特性,将连续数据保护功能实现在固态盘设备里面。实验表明,连续数据保护的开销和性能比 TRAP 和EXT3cow 的都提升很多。

2.1 研究背景

连续数据保护系统需要记录每个磁盘写操作的数据,并把这些 I/O 信息存储起来,以用于在需要恢复的时候将数据状态回滚至之前时间点状态。每个 I/O 操作的信息包括描述该 I/O 的属性信息(称为元数据)和该 I/O 的数据内容。每个元数据信息定义了磁盘上某个数据块在某特定时刻的状态,它包括了某个 I/O 写的磁盘位置(扇区号)、写入的内容及 I/O 操作的大小。逻辑卷上所有的数据块在某时刻内容状态的集合就形成了该逻辑卷在该时刻的状态,因此要将逻辑卷恢复到某时刻的状态,只需要将该逻辑卷上的所有数据块内容都恢复到该时刻点的状态即可。而数据块的状态在不同时刻是不同的,数据块在某时刻的状态可通过该数据块对应的元数据记录获得。因此,元数据的管理对整个连续数据保护系统来说至关重要,它直接影响着系统的正确性、高效性。因而,设计出一种高效的元数据管理机制与方法是实现连续数据保护系统的关键之一。

依据此思路,我们研制出了"面向网络的块级连续数据保护系统"原型。该原型系统采用 C/S 模式架构,它能为多个客户端同时提供并发的在线连续数据保护。每个客户端运行连续数据保护客户端程序,通过配置接口配置需要保护的逻辑卷,客户程序块级捕获模块持续捕获该卷在保护时间段内发生的所有写 I/O 操作,并将每个写 I/O 操作的元数据和数据内容信息发送至连续数据保护服务器端,连续数据保护服务器端以用户为单位组织存储元数据和数据内容信息。当客户端提出恢复请求时,先检索出该卷上所有数据块的状态,然后通过 iSCSI 机制将该数据卷的视图挂载至客户端,从而达到恢复目的。原型系统的架构图如图 2.1 所示。

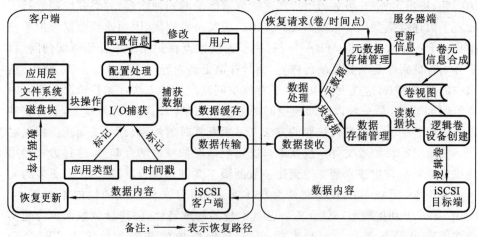

备注:——表示恢复路径

图 2.1 连续数据保护系统总体架构图

2.2　元数据管理设计与实现

　　一个实用的连续数据保护系统,它必须能够支持多次回滚恢复操作,而且每次回滚恢复操作后仍然能够继续支持数据保护,同时为了保证恢复操作的性能在可接受的范围内,元数据管理必须提供高效的检索接口,这对元数据管理设计提出很高的要求。在系统的开发过程中,我们先后实现了三种元数据管理方法,并且每种管理方法都提供了两种恢复检索算法,即全量和增量恢复算法。前两种元数据管理方法是基于 MySQL 数据库的:一种是直接采用数据库进行元数据管理,称为 DIR_MySQL,另一种是对数据库进行优化的管理方法,称为 OPT_MySQL。第三种根据该连续数据保护的实际特点而设计的管理方法称为 META_CDP。本书将分别介绍这三种管理方法,并对其实际测试性能作分析和比较。

2.2.1　重要的数据结构

1. 元数据

　　元数据用于描述每个写 I/O 属性信息的结构,从块层看来,每个 I/O 操作与一个 bio 操作对应。它定义为

```
typedef char HANDLER[HANDLER_LEN];
    typedef struct WOPS_t_str {
    uint64_t seq_num;
    char timestamp[TIME_LEN];
    uint64_t src_block;
    HANDLER dst_block;
    uint32_t size;
    } WOPS_str;
```

其中:timestamp 是该 I/O 操作的发生时间,其精度以秒计;seq_num 为标示该I/O操作的序列号,因为 1 s 时间内可能对同一个数据块有多个写 I/O 记录;src_block为该写 I/O 操作的起始位置(源地址);dst_block 表示该写 I/O 的内容在服务器存储空间上的存储标识符(目的地址),恢复时数据块对应的内容通过该标识符来获取;size 为该写 I/O 操作的数据量大小。

2. 分支

　　一条分支对应着一个恢复操作,客户每做一次恢复操作就创建一条新的分支记录。它定义为

```
#define TIME_LEN 15
```

```
typedef struct BRANCH_t_str{
char revert_to_time[TIME_LEN];
char start_time[TIME_LEN];
char end_time[TIME_LEN];
} BRANCH_t;
```

其中:revert_to_time 表示本次恢复操作的目标恢复点;start_time 表示该分支的起始时间;end_time 表示该分支的结束时间。由于时间的一维连续性,前一分支的结束时间等于下一分支的起始时间,第一条分支的目标恢复点和最后一条分支的结束时间都设为特定的值。分支概念是支持多次回滚操作的关键所在。

3. 元数据记录结果

元数据记录结果是指恢复操作检索完成后,数据块在目标恢复点时刻对应的状态。它定义为

```
typedef char HANDLER[HANDLER_LEN];
typedef struct {
uint64_t src_block;
HANDLER dst_block;
uint32_t size;
uint64_t seq_num;
}META_RES;
```

其中:各成员的含义与元数据中成员的含义一致。

2.2.2 全量恢复算法

采用全量恢复算法时,先将数据状态恢复到起始状态,然后检索出从起始时刻至目标恢复点之间所有的写操作记录。对于相同数据块的记录,选取时间点与目标恢复点接近的那条记录;对于数据块和时间点(秒)都相同的记录,则选择序列号大的记录。然后将检索出来的元数据所描述的 I/O 操作覆写至起始状态。算法描述如下:

设初始时刻为 t_0,用户指定目标恢复点为 t',执行以下步骤:

(1)查找 t' 所在的时间分支。遍历所有分支记录,找到 $t' <$ end_time 并且 $t' >$ start_time 的记录。

(2)将[start_time, t')范围内的所有元数据记录放入结果集。

(3)若 t' 所在分支的起始时间等于第一条分支记录预设的特殊值,即 t' 在起始分支上,则算法结束;否则将当前分支的 revert_to_time 值赋给 t',转到步骤(1)继续执行算法。

(4)在检索出的记录结果集中,对多条相同源地址 src_block 的记录,取时间

戳 timestamp 最接近目标恢复点 t' 的记录。对于源地址 src_block 和时间戳 timestamp 都相同的记录，则选择序列号最大的记录作为最终结果。

(5)将最终结果集中描述的 I/O 操作覆写至初始状态，就获得了 t' 时刻的数据状态。

图 2.2 所示的为被保护主机数据卷(块 1~块 4)从 t_0 到 t_6 的变化过程，为了简化叙述，这里使用 <时间戳，源地址，目的地址> 三元组描述每个 bio 操作(对于特定文件系统块级 bio 操作的大小都是相同且是固定的，如 4 KB 或 1 KB)。如 t_1 时刻的 bio 操作对应的三元组为 $<t_1,1,a_1>$ 和 $<t_1,4,d_1>$。图 2.3 对应于该数据卷上的恢复操作分支图。如图 2.3 所示，t_3 和 t_6 时刻分别进行了一次恢复操作，创建了一条新分支。t_3 和 t_6 时刻既是前一条分支的结束时刻，也是新分支的起始时刻。假设第一条分支(起始时刻为 t_0 的分支)的目标恢复点为预设值 X，下面叙述使用全量恢复算法将被保护主机数据块状态从 t_6 时刻恢复到 $t'(t_4<t'<t_5)$ 时刻的过程。

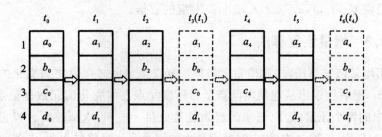

图 2.2　被保护数据卷变化过程示意图

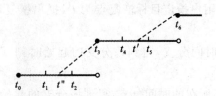

图 2.3　被保护数据卷恢复分支图

根据全量恢复的算法步骤，执行步骤(1)，查找 t' 所在的区段，得到 revert_to_time$=t''$，start_time$=t_3$。执行步骤(2)，取出 $[t_3,t']$ 之间的 bio 操作的元数据 $<t_4,1,a_4>$、$<t_4,3,c_4>$。执行步骤(3)，由于 revert_to_time 不等于起始分支预设的特殊值 X，故转到步骤(1)查找 t' 所在的区段，得到 revert_to_time$=X$，start_time$=t_0$，取出 $[t_0,t']$ 范围内 bio 操作的元数据 $<t_0,1,a_0>$、$<t_0,2,b_0>$、$<t_0,3,$

$c_0>$、$<t_0,4,d_0>$、$<t_1,1,a_1>$和$<t_1,4,d_1>$。

对被保护数据卷按照时间先后顺序依次进行恢复,恢复过程如图 2.4 所示。执行恢复之后的数据状态(a_4,b_0,c_4,d_1)即为被保护主机数据块在t'时刻的状态。

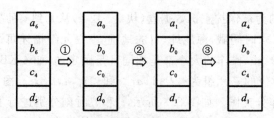

图 2.4　全量恢复的过程示意图

①是恢复$<t_0,1,a_0>$、$<t_0,2,b_0>$、$<t_0,3,c_0>$和$<t_0,4,d_0>$对应的数据。

②是恢复$<t_1,1,a_1>$、$<t_1,4,d_1>$对应的数据。

③是恢复$<t_4,1,a_4>$、$<t_4,3,c_4>$对应的数据。

2.2.3　增量恢复算法

采用增量恢复算法时,先检索出目标恢复点至当前时间点之间变化的元数据记录集 S_1,然后检索出从起始时间点至目标恢复点之间变化的元数据记录集 S_2。对于 S_1 中的每个元素(选取记录的起始位置成员 src_block)$a \in S_1$。若它属于集合 S_2,即 $a \in S_2$,则取 a 在 S_2 中时间点最大的记录写入最终结果集 S;若 a 不属于 S_2,则该数据块对应的内容从初始状态中获得并将结果写入集合 S。最后将集合 S 中的元数据所描述的 I/O 操作覆写至起始状态。算法描述如下:

设初始时刻为 t_0,用户指定目标恢复点为 t',提出恢复请求时刻为 Tcurrent。执行以下步骤:

(1)查找 t' 所在的时间分支,得到该分支的起始时刻 Tr_start 和该分支的目标恢复点 Tr_revert。

(2)查找 Tcurrent 所在的时间分支,得到该分支的起始时刻 Tc_start 和该分支的目标恢复点 Tc_revert。

(3)若 Tc_start > Tr_start,则将[Tc_start,Tcurrent)添加至时间区段集合 Sinterval,令 Tcurrent=Tc_revert,转入步骤(2)继续执行。

(4)若 Tc_start < Tr_start,则将[Tr_start,t')添加至时间区段集合 Sinterval,令 t'=Tr_revert,转入步骤(1)继续执行。

(5)若 Tc_start=Tr_start 且 Tcurrent < t',则将[Tcurrent,t')添加至时间区段集合 Sinterval;若 Tc_start=Tr_start 但 Tcurrent > t',则将[t',Tcurrent)

添加至时间区段集合 Sinterval。

（6）检索出所有时间点在集合 Sinterval 中元数据记录，获得集合 S_1。

（7）按照全量检索算法检索出起始时刻为 t_0、目标恢复点为 t' 的元数据记录集合 S_2。

（8）对于 S_1 中的每个元素 a（记录的 src_block），若 $a \in S_2$，则取 S_2 中对应 src_block 且具有最大时间点的记录作为记录结果添加至结果集 S 中，否则取初始状态的内容构造记录添加至结果集 S 中。

（9）将结果集 S 中描述的 I/O 操作覆写至当前卷的状态上即可得到 t' 时刻卷状态。

全量恢复算法和增量恢复算法的最终恢复结果是一样的，但从算法的描述可以看到，全量恢复算法将检索的结果集覆写至起始状态上，而增量恢复算法将检索的结果集覆写至当前状态上。因而，为了减少恢复时间，当所请求的目标恢复点离起始时间点较近时，可以选择全量恢复算法恢复，而当所请求的目标恢复点离当前时间（进行恢复操作的时间点）近时，可以选择增量恢复算法恢复（这里假定恢复数据量与时间长短成正比，在实际应用中可根据应用的特征很容易地判断出对某个时间点采用哪种恢复算法更合适）。当然如果被保护的卷被物理损坏，则只能选择全量恢复算法。

2.2.4　具体实现

在原型系统的实现过程中，我们先后采用了三种实现方法：基于 MySQL 数据库的 DIR_MySQL、OPT_MySQL 和 META_CDP。本节介绍每种方法的具体实现，在下一章中，我们对这三种实现方法的实际测试结果进行分析。

在 DIR_MySQL 方法中，为每个客户单独建一张元数据记录表和一张分支表，分别用于存放捕获的元数据记录和恢复分支记录。所有的查询和检索功能都通过 SQL 语句实现。对于增量恢复算法，在执行检索的过程中，执行了两个创建视图操作。OPT_MySQL 在 DIR_MySQL 基础上做了些优化，如在所建的表上建立索引、分析 SQL 查询语句并进行优化。基于数据库的方法，实现起来简单，但并不能获得较满意的性能。

数据库一般而言是面向通用设计的，因此在某些特定的应用环境下，其性能并不是很理想。META_CDP 方法是结合连续数据保护元数据管理的特定应用特征而设计的。在 META_CDP 中，元数据记录和分支信息都顺序存储在元数据文件和索引文件中。元数据和分支都是按时间顺序产生的，而且在连续数据保护时间窗口内，其内容是保持不变的。每个元数据记录与一次 bio 操作对应，而分支信息与一次恢复操作对应，所以前者的数据量将远远大于后者的。为了加快元数据的检索速度，我们对元数据文件建立一个基于时间的索引，每条索引信息对应一定数量的元数据记录,索引的信息也是基于时间顺序存储的。索引记录在存储元数据的过程中动态地创建,同时对于元数据记录和索引记录都进行了缓存,只有当元数据记录和索引记录在缓存中达到一定数量时才写入文件中。元数据记录文件及元数据索引文件的结构如图 2.5 所示。

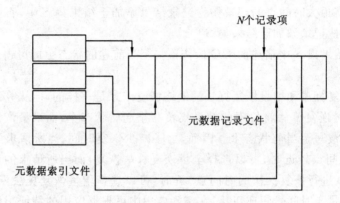

图 2.5　元数据文件及其索引文件的结构

元数据索引文件记录的结构为

```
typedef struct{
char start_time[TIME_LEN];
off_t file_pos;
uint32_t count
}
```

其中:start_time 为所索引的元数据集第一个元数据记录的时间(时间最早的元数据记录);file_pos 为该索引的第一个元数据项在元数据文件中存放的位置;count 为该索引所索引的元数据个数。

采用 META_CDP 方法检索时,按全量或增量恢复算法检索出了所需的时间分支区段后,顺序检查每个索引记录。若当前索引记录和下一个索引记录的时间不在任何所检索出的时间分支内,则越过该索引项,检查下一个索引项;若它们的时间都在分支时间区段内,则将当前索引记录索引的所有元数据记录添加到结果集中;若当前索引记录的时间在某时间分支内,而下一个索引记录的时间不在任何时间分支上,则依次检查当前索引所索引的每个元数据记录,若其时间在某时间分支内,则将该元数据加入结果集中。重复此步骤,直至所有的索引项或时间分支区段都检查过了。因为每个索引都对应着一定数量的元数据记录,所以越过一个索引记录意味着多个元数据记录不用比较;若当前索引和下一个索引记录的时间都在时间分支内,则当前索引的所有元数据记录无须比较,全部添加到结果集中,从而大大地减少了元数据记录的实际比较次数,提高了效率。

2.3   实验结果与分析

本节分别对三种管理方法的性能进行测试与分析,并对 META_CDP 方法的两种不同恢复算法的效率进行测试。

2.3.1   测试环境

服务器端运行 RedHat 9(内核为 Linux 2.6.18),数据库为 MySQL 5.0.77;客户端运行在虚拟的 FC 8 上(内核为 Linux 2.6.23)。FC 8 系统中创建一个大小为 1 GB 的逻辑卷,在系统开始运行时配置保护该逻辑卷。测试过程中,向该逻辑卷上连续写入文件,然后提出恢复请求,将数据恢复到之前某点的状态。

2.3.2   检索时间与恢复数据量的关系

为了测试各种方法检索所耗费的时间与恢复数据量的关系,测试给定恢复数据量情况下各种方法所用的时间。给定数据量与元数据记录数目之间的关系由卷上的文件系统类型(文件系统决定了每个 bio 操作的大小)决定,假设总的恢复数据量大小为 M,文件系统的块大小为 b,则检索算法需要处理的元数据数量大约为 M/b。如图 2.6 所示的为各种检索算法检索时间与恢复数据量的关系图。

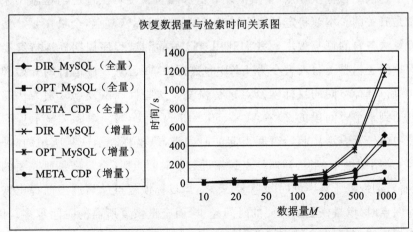

图 2.6   检索时间与恢复数据量的关系图

从图 2.6 可以看出,全量恢复算法检索中,DIR_MySQL 的性能最差,OPT_

MySQL 其次,META_CDP 性能最好。对数据库进行优化可以在一定程度上提高性能,但数据库内部的表链接算法仍然比较复杂,而且随着数据量的增大,性能下降的趋势更明显。而 META_CDP 的检索性能比数据库检索性能大大提高了,而且随着数据量的增大,性能只是线性地下降。而增量恢复算法检索的性能几乎都比全量恢复算法检索的性能差,这是因为增量恢复算法检索中包括了全量恢复算法检索部分(由 2.2.3 小节的算法描述可知),而且增量恢复算法在计算 S_1 和 S_2 的交集时,采用了先排序再合并的算法。在增量恢复算法中,META_CDP 的性能明显优于 DIR_MySQL 和 OPT_MySQL 的,因为在数据库增量恢复算法的检索过程中,需要创建两个视图,与全量恢复算法类似,随着数据量的增大,数据库检索的性能下降比采用 META_CDP 时的更急剧。虽然增量恢复算法在总体上比全量恢复算法在检索元数据上花费的时间要多,但检索后需要传到客户端进行实际恢复的数据量比全量恢复算法的要少得多,因而从恢复的角度来看,总的恢复时间要少得多,而且所保护的卷越大,增量恢复算法的优势越明显。

2.3.3　增量和全量恢复的选择

从增量恢复算法和全量恢复算法的描述中得知,全量和增量的恢复都与所需要的目标恢复点有关。全量恢复算法选择出从起始时间点至目标恢复点之间的元数据,而增量恢复算法则是检索出从目标恢复点到当前时间点之间的元数据。因而对于不同的目标恢复点,全量恢复算法和增量恢复算法性能与检索出来的元数据量是有关的。本节将定量地测试对于不同的目标恢复点,全量恢复算法和增量恢复算法各自的恢复效率。我们利用自己写的测试程序周期性地持续半小时向被保护的逻辑卷上写入大小为 4 KB 的数据块,并记录程序运行的开始和结束时间,然后,选择不同的目标恢复点进行恢复。这些目标恢复点分别为从起始时间点开始到整个时间段的 20%、40%、50%、60% 和 80%。图 2.7 显示了测试结果。图中横坐标表示从起始时间点起的时间点,纵坐标表示恢复所用的时间,单位为 s。从图中可知,当目标恢复点越靠近起始时间点时,全量恢复所需要的时间越少,而增量恢复所需要的时间越多;反之,当目标恢复点越靠近当前提出恢复请求的时间点时,增量恢复所需要的时间越少,而全量恢复所需的时间越多。因此,为了实现快速恢复,可以根据恢复时间点信息选择相应的恢复算法。一般而言,当恢复时间点距离起始时间点近时,可选择全量恢复算法;而当恢复时间距离当前时间点较近时,可选择增量恢复算法。

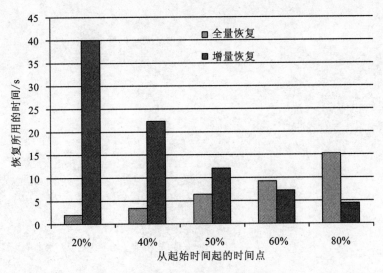

图 2.7　全量恢复和增量恢复测试结果

2.4　本章小结

在本章中,我们详细叙述了基于块级的连续数据保护系统中几种元数据管理方法的设计与实现,并对其性能做了分析和比较。从实际测试结果来看,面向通用的数据库性能比针对特定应用环境的设计性能要低很多。我们设计的元数据管理方法 META_CDP 在恢复中的性能是可以接受的,是整个连续数据保护系统实现的关键之一。同时,我们还针对 META_CDP 的两种恢复算法实现做了定量的测试分析,并给出了选择实现快速恢复效率的一般性原则,即当目标恢复点距离起始时间点近时,可使用全量恢复算法,而当恢复时间点距离当前时间点较近时,可选择增量恢复算法。随着数据重要性的日益凸显、数据潜在危险的不断增多及业务连续性的内在需求,连续数据保护技术和相应的快速恢复保障机制在数据存储领域将会扮演重要的角色,为企业的重要数据保驾护航。

第 3 章　一种结合 SLC 和 MLC 的混合固态盘架构设计

近 10 年来,SLC 和 MLC 闪存体已经用于制造针对不同应用环境的大容量固态盘。由于它们各自的特点,完全基于 SLC 闪存芯片的固态盘一般用在高性能和高可靠性比成本更重要的场合,而基于 MLC 的固态盘由于其高密度的特性更适合用来作为海量存储介质。本章提出了一种新的内部混合架构的固态盘:SMARC(SLC and MLC cells within one architecture),它同时包含 SLC 和 MLC 闪存体,而不是只 SLC 或 MLC。通过定期在两个不同部分(SLC 和 MLC 区域)之间根据运行的工作负载动态迁移数据,所提出的架构能够充分利用各自的优势,提高系统整体的性能、可靠性和降低能源消耗。基于各种工作负载的仿真结果显示出,SMARC 可以有效地改善系统性能,同时,显著地提高可靠性和减少系统能源消耗。而且,SMARC 可以很容易地扩展以提供各种差异化的存储服务,为现代存储系统提供重要的应用。

本章结构如下:第一部分会将 SLC 和 MLC 进行对比介绍,第二部分介绍 SMARC 设计和实现的具体细节,第三部分给出一些原型系统的初步评估结果,最后进行总结,并指出 SMARC 有潜力的进一步研究方向。

3.1　SLC 和 MLC 闪存体分析

随着信息技术的突飞猛进,信息存储在整个计算机领域中的重要性日益突出。可靠性与可用性是评估存储系统的关键指标。对于存储系统用户,数据丢失或是系统长期无法正常工作是难以忍受的。

固态盘的闪存单元分为两类:SLC 和 MLC。SLC 的一个闪存单元只有 1 bit,结构简单,一组高低电压就可以驱动,因此具有速度快、寿命长等特点。而 MLC 的每个闪存单元是 2 bit 的,相比 SLC 的整整多了 1 倍,存储密度理论提升了 1 倍,需要较高的电压驱动,通过四个不同的电压级记录两组位信息,电压区间更小。但是由于每个 MLC 存储单元存放的数据较多,结构更复杂,其出错率也更高。而在出错后进行的错误修正,又会使其在性能方面大幅落后于结构相对简单的 SLC。现在很多用户对 MLC 和 SLC 闪存存在一些认识上的误区,认为 SLC 架构的 NAND 闪存在质量上比较有保障,而基于 MLC 架构的 NAND 闪存则是低劣品。下面就针对 SLC 和 MLC 架构进行一些技术参数上的比较。

(1)存取次数:SLC 架构可以写入 10 万次,而 MLC 架构理论上只能承受大概 1 万次的写入操作。

(2)读取和写入速度:在现在的技术条件下,MLC 架构的速度理论上只能达到 6 MB/s,而 SLC 架构比它要快 3 倍以上。

(3)功耗:SLC 架构中每个单元仅存放 1 bit 数据,只有高和低两种电平状态,使用 1.8 V 的电压就可以驱动。而 MLC 架构中每个单元存放多个位,至少需要四种电平状态(存放 2 bit),因此需要 3.3 V 及以上的电压才能驱动。测试结果表明,MLC 的功耗比 SLC 的要高,相同使用条件下 MLC 比 SLC 要多消耗 15% 左右的电流。

(4)出错率:SLC 每个闪存单元只有 0 和 1 两种工作状态,读取速度快,也非常稳定,单个闪存单元的损坏对整体的性能影响不大。而 MLC 的每个闪存单元有 00、01、10、11 四种工作状态,存储时需要四种不同的充电电压来精确控制,因此在出错率和稳定性方面都有更高的要求,且单个单元的错误会导致 2 倍及以上的数据损坏。

(5)制造成本:与 SLC 每个单元只存放 1 bit 数据相比,MLC 每个单元中存放 2 bit 甚至更多数据,在存储体积不变的情况下存储密度却增大了,因此相同容量的 MLC 架构的制造成本显然比 SLC 架构的制造成本要低得多。

总体来说,SLC 虽然容量小,但在性能和可靠性方面有优势,而 MLC 虽然存储容量大,但在寿命及速度方面表现较差。基于以上原因,在过去的几十年里,由于各自不同的特点,SLC 和 MLC 的芯片已经被明确界定适用于各自不同的领域。例如,基于 SLC 的固态盘通常用于更高端的企业存储卡,而基于 MLC 的固态盘则经常被运用在消费型产品中。MLC 闪存是今后 NAND 闪存的发展趋势,就像 CPU 单核、双核、四核技术一样,通过在每个单元中存储更多位来实现容量上的成倍增长。同时,MLC 芯片比 SLC 芯片在半导体行业和学术界都得到了更多的研究关注[43,30,31]。虽然已经提出了各种技术,如高效的写缓存[29,33]、写凝聚[31,34]、耗损均衡、预留空间等,但基于 MLC 的固态盘仍然受到可靠性和耐久性问题的显著影响。例如,混合固态盘[40]用相变存储器(PCM)作为日志区来吸收和消除那些对同一位置的写更新操作。另外,Grupp 等人关于闪存的一组实验结果[32]表明,在实际中,MLC 闪存芯片往往不会具有其所标称的寿命,它们一旦达到寿命极限会立即变得不可靠,但 SLC 芯片会表现出更长的寿命(甚至高达 6 倍于 MLC 的寿命)。因此,可以考虑在基于 MLC 的固态盘内集成少量的 SLC,以有效地提高整体可靠性。

根据以上分析,SLC 和 MLC 闪存的主要区别体现在性能、寿命、成本和能源消耗等方面。具体而言,SLC 芯片的性能、寿命和成本分别是 MLC 芯片的 3 倍、10 倍和 2 倍。特别是,SLC 芯片可承受 $\times 10^5$ 的 P/E 周期,而 MLC 芯片只能承受 $\times 10^4$ 的 P/E 周期。可以通过以下计算帮助理解在固态盘架构内集成一部分 SLC 芯片的潜在优势。假设用 SLC 芯片代替四分之一的 MLC 芯片,并且它们都具有相同的页和块大小,用 C(单位:GB)、L(单位:P/E 周期)和 P(单位:美元)分别表示固态盘的容量、MLC 的寿命和 MLC 芯片的单价。对完全基于 MLC 的固态盘,

其总写容量是 $L \cdot C$,而对混合式固态盘,其总写容量则为 $10L \cdot \frac{1}{4} \cdot C + L \cdot \frac{3}{4} \cdot C$,是完全基于 MLC 固态盘的 3.25 倍。另一方面,完全基于 MLC 固态盘的成本为 $P \cdot C$,而混合固态盘的成本是 $2P \cdot \frac{1}{4} \cdot C + P \cdot \frac{3}{4} \cdot C$,仅为前者的1.25倍。此外,混合式固态盘还具有如性能和能源消耗等其他优势。虽然现代的闪存技术及控制器已经比过去的更为复杂,并使得 MLC 的寿命可以与 SLC 相媲美[4],但它的代价则是更多的错误校正码(ECC)位和更频繁的验证计算。

基于上述观察和分析,本章提出将一小部分的 SLC 芯片集成到基于 MLC 的固态盘架构中,称之为 SMARC(SLC 和 MLC 架构)。这种新架构的基本思想是:试图建立一个高可靠性的消费级固态盘,通过充分利用 SLC 芯片的高耐磨性优点来提高固态盘的整体性能和延长寿命。

理想情况下,期望负载工作集[42]大部分时间放置在更可靠的 SLC 区域,特别地,优先考虑将写操作放置在 SLC 区域,这样做基于两个原因:①只有写操作对芯片的寿命和可靠性有影响,因此,正常情况下希望更多的写操作写入 SLC 区域。②SLC 和 MLC 之间的读性能差异要比写性能差异小得多,因此将写模式放入 SLC 区域更有利于整体寿命。此外,SMARC 有别于以前的混合式固态盘架构,如内部集成相变存储器的混合式固态盘(相变材料与闪存芯片采用完全不同的材料,而且相变材料的生产工艺还未完全成熟),其内部组织材料是同质的,而不需要特殊的额外抽象层或管理机制,对上层应用来说,这种一体化可以完全透明于上层。基于不同工作负载的仿真结果表明,SMARC 能够获得性能上的提升,并同时提高系统可靠性,以及节约系统的能耗。

3.2　SMARC 设计和实现

通常情况下,一个固态盘主要由主机抽象逻辑层、处理器、一定量的 RAM(随机存储器)、缓冲区管理器、闪存命令转换器和闪存芯片等组成。主机抽象逻辑层用来屏蔽闪存芯片的差异,使其对外表现得跟通常的块设备一样。处理器执行地址转换和错误检测、纠正。RAM 和缓冲区管理器分别用于存放闪存转换层 FTL 的映射表项以及对片上内存进行缓存优化。闪存命令转换器执行主机命令和闪存级底层命令之间的相互转换。闪存芯片则提供实际的数据存储空间。正如之前提到的,传统的闪存芯片由单一类型的芯片构成,在消费级别产品中大多数情况用的是 MLC 芯片。然而,在 SMARC 中,为了达到利用 SLC 芯片的高耐用性优点和无缝集成,部分芯片将用 SLC 芯片替代,将整个存储空间分为两个不同的

区域。为了实现目标,开发高耐用性的 SLC 芯片和无缝集成,需要解决如下问题:

3.2.1 哪些数据放在 SLC 区域

这个问题看似简单,却不容易回答。显然,将最活跃的数据如工作集[37]和热点数据[36]放在快速可靠的 SLC 部分是合理和有利的,但是,如何定义热点数据,判断的依据又是什么呢?根据其读热度还是写热度来判断?如何正确地跟踪和识别动态工作集或热点数据?

在 SMARC 中,采用一个简单有效的方法来跟踪和识别随时间推移的活动数据。固态盘的每一页或块是通过一个中间软件层,即 FTL[9] 来访问的,FTL 的映射表记录用户看到的逻辑地址和底层闪存芯片物理地址之间的映射关系。这些映射表项在执行读/写操作时都会被访问到。因此,本章在每个映射表项中增加两个计数器,即读计数器和写计数器,分别对应逻辑地址被读取和写入的历史。每次逻辑地址被访问时,相应的计数器将会加 1,因此,计数器值越大的映射表项即为最近一段时间的相对热点。值得一提的是,一个逻辑地址是指向 SLC 区域还是 MLC 区域中的一个物理地址对应用程序引用的逻辑地址是完全透明的。采用这种简单的计数方法来识别热点数据,表面上看起来好像很难达到很高的准确性,原因是应用的热点数据很可能是随着时间而动态变化的。然而,固态盘内部闪存转换层 FTL 将逻辑地址和物理地址分开,使得它们之间不再是如传统机械硬盘中存在的一一映射关系,这种映射关系也是动态变化的。因此,当某逻辑页面的访问计数低于阈值时,下次再次被访问时可以直接将该页面数据写入 MLC 空间,从而实现隐式地将页面数据从此前的 SLC 空间迁移出来,从而保证了 SLC 区域存储着近期内的热点数据。

与 SLC 区域相关有两个可配置的阈值,分别为 HighWaterMark 和 LowWaterMark,它们用来控制是否进行数据迁移操作。当 SLC 区域剩余的空闲空间高于 HighWaterMark 时,SMARC 在 SLC 区域中分配新的页面放置新的写入;当空闲空间低于 LowWaterMark 时,所有新的写操作则被定向到 MLC 区域,数据迁移过程启动,将热度最低的数据从 SLC 迁移到 MLC 区域,直到自由空间高于 LowWaterMark。关于数据迁移策略后面将会详细讨论。在实现中,设置 HighWaterMark、LowWaterMark 分别为总 SLC 容量的 40% 和 20%。人们很可能会认为两个计数器产生的内存消耗可能成为 SMARC 的一个问题,然而,在现实中它可能并不一定是个问题。已有研究证实,由于应用存在大量的局部性访问现象[9],因此,对于典型负载,只存储部分映射信息在内存中也可以获得与将全部映射信息存在内存中相当的性能。而且,如果内存消耗确实会成为现实问题,则其他使用较少内存消耗的热数据判别方法[36,37]可以被用来作为替换的优化方法。这也是将来要研究的内容之一。

3.2.2　SMARC 中的耗损均衡

闪存的耗损均衡对系统整体可靠性和寿命是非常重要的。耗损均衡是用来延长固态存储设备寿命的过程。固态存储设备由微芯片（microchip）组成，它们将数据存储在块中。每个块在变得不可靠之前都可以容忍一定量的 P/E 周期。例如，SLC NAND 闪存的比率大概是 100000 个 P/E 周期。耗损均衡安排数据，因此写入/删除周期会平均地分配到设备的所有闪存介质上，防止对部分存储块集中重复写入和擦除，使得该区域因为达到擦写操作的次数上限而出现损坏。耗损均衡一般由闪存控制器管理，它运用耗损均衡算法来决定哪个物理块运用每一个设定过的时间数据。

固态盘耗损均衡有两种类型：动态的和静态的。动态耗损均衡记录已删除的区块并选择删除数最少的区块用于下一次的写入。静态耗损均衡则选择总删除数最少的目标块，有必要的话会删除这个块，再向这个块中写入新数据，并且会确保那个静态数据的块在块删除数低于一定门槛时会被迁移。由于闪存控制器上的开支，因此迁移数据的这一步会降低写入性能，但是对于延长固态设备的存在时间，静态耗损均衡比动态耗损均衡更有效。

在 SMARC 中，如果只考虑空闲容量指标，由于工作负荷的局部性，SLC 区域会耗损并迅速恶化，特别是在工作集大小小于 SLC 区域总容量的情况下。与以往的耗损均衡算法不同，在 SMARC 中，需要考虑三个方面的耗损均衡，即 SLC 区域内的耗损均衡、MLC 区域内的耗损均衡以及区域之间的损耗均衡。区域内的耗损均衡算法只考虑属于同一区域内块的磨损程度，区域间的损耗均衡需保证两个不同区域的耗损以某种形式保持均衡，而不会呈现出太大的差异。为了解决这个问题，在本章中通过实时监测 SLC 和 MLC 区域之间的平均剩余寿命差异指标来控制动态数据迁移，例如，当该指标低于预先设定的阈值时，禁止将数据迁移到 SLC 区域，而将一些热门的数据迁入 MLC 区域。在实验中，将剩余寿命差异的阈值设置为 2∶1，即在任何时间，SLC 区域的剩余寿命应该保证至少是 MLC 区域的 2 倍。

3.2.3　SLC 和 MLC 区域之间的数据迁移

在 SMARC 中，有三种情况将会发起 SLC 和 MLC 区域之间的数据迁移过程以满足容量和可靠性要求。数据迁移的目标是保证 SLC 区域的空闲空间大部分时间处于 HighWaterMark 和 LowWaterMark 之间，平均剩余寿命差异不会太大。

第一种情况是，当平均剩余寿命差异低于设定的阈值时，即 SLC 区域已经比 MLC 区域被更频繁地写入，则需要将一些写操作定向到 MLC 区域。SMARC 迁移部分热度高的写块到 MLC 区域。

第二种情况是，当 SLC 区域的可用空间低于 LowWaterMark 时，也就是说 SLC 的区域将被耗尽，SMARC 尝试迁移部分热度高的读数据块到 MLC 区域。这里将读热点数据而不是写热点数据迁移到 MLC 区域有两个原因。一方面，SLC 和 MLC 芯片之间的读性能差异远小于写性能差异，因此将读数据迁移到 MLC 区域可以减少可能产生的性能降低。另一方面，通过将写操作控制在 SLC 区域可以充分利用 SLC 相对于 MLC 具有高可靠性和寿命长的优点。第一种情况下触发数据迁移的优先级比第二种情况下的高，即在第一种情况下，如果触发条件被满足，将暂时不再检查第二种情况是否满足。数据迁移过程完成后，读取和写入计数器在这两种情况下都被重置为 0。

第三种情况的数据迁移和正常的内部垃圾回收过程结合在一起，这种情况是可选的，而不像前面两种情况是强制性的。简单地说，在执行垃圾回收的过程中，将 MLC 区域中那些写计数器值大于 SLC 区域的写计数器平均值的有效页迁移入 SLC 区域。与此类似，将 SLC 区域中那些读计数器值大于 MLC 区域的平均值的有效页将被迁移到 MLC 区域。由于这些实时的数据迁移操作，SMARC 大部分时间都很好地运行在阈值限定的空闲空间范围内。

3.3　性　能　评　价

本节对提出的 SMARC 原型系统进行测试，并给出基本的测试结果。实验在被广泛使用的固态盘模拟器 SSDSim[9] 上来实现 SMARC。SSDSim 是一个事件驱动，结构化、多层次的闪存固态盘模拟器，它能够模拟大多数的固态盘硬件平台，实现主流 FTL 方案、分配方案、缓冲区管理算法及 I/O 请求调度算法。它以块级的 trace 作为输入并输出运行过程中的各种统计数据。本章用四个 trace 进行仿真实验，分别是 PostMark、Financial1、Financial2 和 Websearch。其中，PostMark 模拟一个邮件服务器的负载，Financial1 和 Financial2 是联机事务处理（on-line transaction processing，OLTP）类的应用程序，Websearch 是搜索引擎程序。模拟一个 64 GB 的固态盘，包含总容量为 16 GB 的 SLC 芯片和总容量为 48 GB的 MLC 芯片。为了简单起见，SLC 和 MLC 的起始寿命分别设定为 1000 和 100 个 P/E 周期。为了进行比较，同时在一个完全基于 MLC 的 64 GB 固态盘上运行这些实验。每次运行前，将所有的参数复位，实验中的关键参数如表 3.1 所示。下面分别从性能、可靠性和能源消耗的角度对两者进行比较。

表 3.1　仿真参数

类　　别		SLC	MLC
页面大小/KB		4	4
块大小/KB		256	256
包大小/GB		4	4
所用时间	页面读/μs	25	60
	页面写/μs	200	800
	块擦除/ms	1.5	2.5
能量消耗	页面读/mW	30	45
	页面写/mW	30	45
	块擦除/mW	30	45
生命周期/(P/E 周期)		1000	100

3.3.1　性能

在本节中,将比较 SSDSim 和 SMARC 在四种工作负载下的性能,以 op/s(每秒操作次数)给出在这四种负载下的性能测试结果。由于本章的主要目的是看引入 SLC 芯片后固态盘的性能如何得到提升,因此可以通过与完全基于 MLC 的固态盘性能的比较来考察 SMARC 的性能改进。

图 3.1 中给出了两者的性能比较情况,从图中可以看出,在这四种工作负载中,与完全基于 MLC 的固态盘相比,SMARC 都有不同程度的性能提升,与工作负载的特性相关。提高 PostMark 负载的性能最大,对其他三种负载,其性能也得到了很大提升。这些性能提升的原因都在于 SMARC 中集成了高性能的 SLC 芯片,并且 SLC 芯片被有效地使用了。引入的 SLC 芯片对 PostMark 负载提升最大的原因在于 PostMark 是一个元数据密集型工作负载,工作集也相对较小,整个工作集可以很好地完全放置在 SLC 区域中,因此大部分的访问操作都在 SLC 芯片上完成。此外,Financial1 由于比 Financial2 具有更多的写操作,因此 SMARC 中所采用的读优先迁移策略使得 Financial1 会有更多的写操作在 SLC 中完成,因此得到了更大的性能提升。而对于 Websearch 工作负载,由于其是以读为主的应用,而 SLC 与 MLC 的读操作性能差异不大,它在四种负载中的性能提升的最少。

3.3.2　可靠性和能源消耗

本小节分别比较 SMARC 和完全基于 MLC 的固态盘在四种负载运行过程中

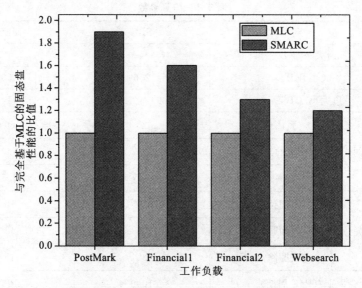

图 3.1 SMARC 与完全基于 MLC 的固态盘四种负载性能比较

的可靠性和能源消耗。寿命是固态盘可靠性重要的衡量指标,这里使用实验运行后 MLC 区域的平均剩余寿命来比较完全基于 MLC 的固态盘和 SMARC 的可靠性,并且使用每次实验运行过程中所消耗的能量来进行能耗比较。每次读操作和写操作都会消耗一定的能量,如表 3.1 所示,每次实验运行所消耗的能量是所有操作消耗能量之和。

图 3.2 显示了两者可靠性比较的情况,从图中可以看出,与完全基于 MLC 的固态盘相比,SMARC 在四种工作负载下都能够获得较高的平均剩余寿命,提高系统的可靠性,延长固态盘的寿命。同样地,对于 PostMark 工作负载,由于其元数据密集型性质,工作集相对较小,整个工作集可以很好地在 SLC 区域中完成,其MLC 区域的平均剩余寿命是最高的。此外,Financial1 由于比 Financial2 具有更多的写操作,SMARC 中会将更多的写操作在 SLC 中完成,因此其 MLC 区域的平均剩余寿命比 Financial2 的要高。

图 3.3 显示了两者能耗比较的情况,从图中可以看出,SMARC 与完全基于MLC 的固态盘相比,在四种工作负载下都能够获得不同程度的能耗降低。如对于 PostMark 工作负载,SMARC 在每次实验运行过程中所消耗的能量相比于完全基于 MLC 的固态盘可以节省 40% 左右的能耗。对于 Websearch 工作负载,虽然其性能的提升相对没有其他工作负载多,但是在每次实验运行过程中也能够降低 20% 左右的能耗。

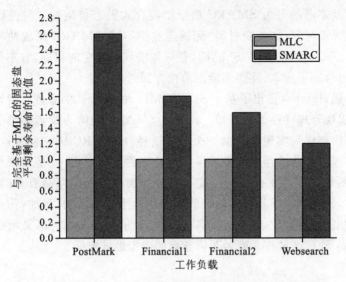

图 3.2　SMARC 与完全基于 MLC 的固态盘可靠性比较

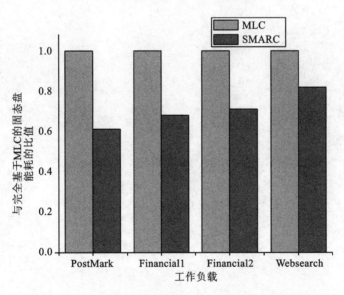

图 3.3　SMARC 与完全基于 MLC 的固态盘能耗比较

3.4　本章小结

在本章中提出了一种在基于 MLC 的固态盘中集成一定量的 SLC 芯片以提

高其可靠性及寿命的名为 SMARC 的新型混合式固态盘架构。与传统的混合式固态盘集成异质材料(如相变材料)到固态盘中不同,SMARC 集成两种不同的芯片类型。仿真实验结果表明,SMARC 很好地实现了预定的目标,它不仅提高了可靠性,同时也带来了成本、性能和能源消耗方面的改进。

无独有偶,Intel 也推出了基于 SLC 和 MLC 的混合式固态盘。但作为商业产品,其内部实现原理往往无法得知。而研究 SMARC 能够为读者提供了解这类混合式固态盘内部详细实现原理的一个有效途径。SMARC 研究有着重要的意义,它可以为实施差异化的存储服务提供一个良好的基础架构,这是未来所要进行的工作,大量的相关研究工作已经证实了各种层次的差异化存储服务的潜在价值。从本质上讲,SMARC 对差异化的存储服务是适用和有利的,例如,作为智能语义存储系统和匿名写固态盘的扩展,可以把那些要求高可靠性的语义敏感数据放在 SLC 区域,用 SLC 区域作为匿名写固态盘的虚拟地址空间。

第 4 章　一种基于区域的高效固态盘调度策略

固态盘内部具有丰富的并行性，能够为系统提供良好的性能。然而这不意味着简单地将固态盘替换传统机械硬盘就可以获得良好的整体系统性能。上层应用发出的数据请求需要经过多个不同的系统软件层才能最终到达磁盘并访问数据。在这条漫长的 I/O 路径上任何一个部件都可能会对系统整体性能产生重要影响。因此，为了获得良好的整体系统性能需要对路径上的各个部件进行优化，使得它们能够步调一致地协同工作。目前，现有的 Linux 内核 I/O 调度器都是基于传统旋转式硬盘驱动器进行设计和优化的。但由于固态盘具有与机械硬盘不同的操作特性，这些调度器在固态盘上工作时表现并不理想。

在本章中，结合固态盘的特殊性设计了一种新的固态盘 I/O 调度器——分区调度器。首先，把整个固态盘空间分成几个区域作为基本调度单位，并利用其内部丰富的并行性同时发起请求。其次，利用读请求比写请求快得多的事实，优先读请求，避免过多的读对写操作的阻止干扰。再次，对每个区域调度队列中的写请求在发送到磁盘之前进行排序，以期望将随机写转换为顺序写，从而可以减少到达磁盘的有害随机写请求。使用不同负载对分区调度器的测试结果表明，所设计的 I/O 调度器能成功地将随机写转化成顺序写，与四种内核 I/O 调度程序中最好者相比能够提高 17%～32% 的性能，同时延长固态盘的寿命。

4.1　研究背景和动机

近年来，由于半导体技术的日益成熟，闪存的生产成本也随之下降，基于闪存的固态盘技术在存储系统中的使用越来越广泛，并被认为会给存储系统带来根本性的变革。固态盘与机械硬盘相比，在性能、可靠性、能耗等多方面都有明显的优势，尤其随机访问性能要远远高于机械硬盘的。然而要使得固态盘在存储系统中充分发挥其性能上的优势，必须认真地反思路径上所有可能经过部件的设计和实现，使得它们都能够感知到固态盘的存在，并且尽量充分利用固态盘的优点，同时避免其缺陷，从而获得最优的整体系统性能。上层系统软件设计得不合理会严重影响固态盘性能的发挥。此前的研究已经证实，现有的上层系统软件给固态盘带来的性能开销可能达到 62%。其主要原因在于现有的系统软件大多都是面向传统机械硬盘设计和优化的，它们充分考虑了其物理操作特性，而固态盘技术具有与机械硬盘根本不同的操作特性。因此，对系统软件进行面向固态盘的优化需要充分考虑到机械硬盘与固态盘的异同点。

传统的机械式磁盘驱动器是一种具有高精密度的机械装置，长期以来机械硬盘是构成存储系统的主要设备。机械硬盘主要由磁头(head)、磁存储介质盘片(platter)、主轴(spindle)、电机(actuator)、处理器、盘内缓存(cache)及控制电路等部件组成,存储在磁盘中的信息都是以一定大小为单位(扇区,通常是 512 个字节)记录在盘片上的。所有的盘片都以主轴为中心,以固定速率(RPM)旋转,处在同一半径位置上的所有盘片构成柱面(cylinder),而处在同一盘面上同一半径圆周上的存储位置构成一个磁道(track)。磁头是利用磁场效应原理对盘片进行读/写的装置。在对盘片进行读/写前,需要先将磁头移动到正确的位置,这个过程称为磁头定位。处理器的主要功能是完成主机命令到磁盘低级命令的翻译,将高级主机命令转换成磁盘可识别操作的低级命令。盘内缓存是一定量的易失性随机访问存储器(RAM),其主要作用是暂时存放写入磁盘的数据或者提前读取将来可能需要的数据以减少访问磁盘的机械运动,从而提高访问性能。这些部件又可细分为驱动装置和控制器两个模块。驱动装置的主要功能是完成磁盘内机械部件的物理移动,例如,通过电机驱动磁头臂,将磁头定位到所需要访问的数据所在磁道上,以及驱动磁片旋转,使得目标扇区运行到磁头下面。控制器的主要功能是控制驱动装置的启停操作,以及对盘内缓存进行管理,如执行替换算法等。

固态盘的优势有目共睹,但是其高昂的价格却影响着它在各个领域中的应用。可喜的是,近年来,随着半导体技术的不断发展,固态盘在容量迅速增长的同时,价格也在迅速下降,开始逐步进入消费级市场,其在现代存储系统中的应用范围越来越广。从全球市场看,对固态盘的需求量暴增。然而要在存储系统应用中将固态盘的优势充分发挥出来,必须针对固态盘自身的结构特点重新思考其 I/O 路径上所有部件的设计及实现,尤其是上层系统软件的设计。要尽可能充分利用固态盘的优点,并避免其自身缺陷,使系统获得优秀的整体性能。

然而,由于历史原因,现代操作系统中现有的系统软件包括 I/O 调度器都是基于传统的机械硬盘而设计的。它们面向机械硬盘,并假设寻道开销是读/写操作的主要时间。与机械硬盘不同,固态盘基于半导体技术并且没有机械部件,因而完全免除了由于机械寻道操作所产生的开销。随着现代存储系统逐渐转为基于固态盘为基础,面临的新的挑战是上层系统与底层设备之间的语义差距问题,即上层操作系统不知道下层设备的特殊性,因而不能相应进行优化以最大限度地利用底层设备。尽管固态盘具有很好的性能指标,但为了能够充分利用这些设备的性能潜力,我们需要重新优化上层的系统,或者重新考虑和评估已有的设计。

传统的机械硬盘是一种具有高精密度的机械装置,很长时间以来是一直是存储系统的主要设备。对机械硬盘上的数据块进行读/写访问通常需要毫秒级的时间,主要由磁盘寻道时间、旋转时间和数据传输时间三部分组成。寻道时间是指磁头在移动臂的带动下在各个柱面之间移动到达指定磁道的所需的时间,磁头定位到正确的磁道后,再经过旋转延迟,将要访问的数据块所在的扇区旋转到磁头的位置下。数据传输时间是指将指定的扇区从磁盘读出或写入所花的时间。通过安排合理的磁盘调度算法可以对多个 I/O 操作的磁盘寻道时间进行优化,旋转延迟也可通过磁盘数据优化分布尽量减少不必要的空转,从而提高磁盘性能,并降低磁盘能耗。数据传输时间和磁盘的硬件特征,如磁盘的转速等有关。

与机械硬盘相比,固态盘在各方面的优势是非常明显的,但也有其自身的缺陷。首先,固态盘寿命有限。固态盘采用的是闪存颗粒,闪存颗粒在经过反复擦写操作后,非常薄的栅氧化层的绝缘性就会降低,导致闪存颗粒失效,因此其擦写次数是有限的。而传统的机械硬盘数据记录在磁层上,理论上可以进行无数次的读/写操作也不会有磁失效的危险,这方面闪存是明显比不上机械硬盘的。为了延长闪存的寿命,固态盘一般都使用了耗损均衡技术,将数据均匀分布到固态盘的不同闪存单元上,避免对同一数据块区域的频繁写入。

其次,读/写操作的不对称性。机械硬盘在读/写操作时由于需要几乎相同的寻道延时和旋转延时,在性能上没有太大区别。而对于固态盘来说,由于其读、写操作的处理方式不同,读、写操作之间存在不对称性。如某些低端的固态盘产品,读取速度远高于传统机械硬盘的,但写入速度却只有与普通 U 盘相当的水平。

再次,固态盘内部的垃圾回收问题。它的基本原理是把几个块中的有效数据集中搬到一个新的块上去,然后再把这几个块擦除掉,从而产生新的可用块。这样在减少寻址负担同时,也能够留出更多的空闲块。但由于对不同块中的有效页进行合并会产生额外的擦除操作,增加写入放大,因此过于频繁的垃圾回收过程也会对闪存寿命产生不利影响。

通过以上对固态盘和机械硬盘从多方面进行的分析讨论,可以总结出其不同主要体现在以下几个方面:

(1)总体性能方面。固态盘要明显优于机械硬盘,尤其是随机访问性能,固态盘内部没有机械部件,数据块读操作的时间与数据的实际物理地址无关,因此具有良好的随机性能。

(2)机械硬盘的读、写操作具有对称性,而固态盘的读、写访问是不对称性的。机械硬盘每次数据读/写操作都需要通过磁头臂的移动进行寻道操作,读/写操作时间相当(毫秒级),而固态盘的读、写操作性能差异很大,且读、写操作之间会有相互干扰和影响。

(3)固态盘内部存在丰富的并行性,表现在通道间并行、芯片间并行等四种层次的并行性。充分利用好这些丰富的并行性对提高存储系统性能也是非常重要的。

(4)寿命方面,固态盘的存储颗粒只能接受有限次数的擦写操作,所以其寿命有限,与写入的总数据量成正比,而机械硬盘具有几乎无限长的使用寿命。因此,研究如何减少到固态盘的写流量是延长固态盘寿命的有效方法。

(5)数据恢复问题。固态盘的数据恢复过程要比机械硬盘的数据恢复过程复杂得多。原因在于它们两者之间不同的管理制度,硬盘上的数据即使删除了,也只是在数据存储的前端打上标记,标识为已删除。但是实际并没有删除,读取到这个文件头的时候,会识别为已删除,不继续读取。所以数据恢复过程也是利用这个原理,读取到文件头后指示继续读取,读出完整的文件,数据就恢复出来了。机械硬盘只有在写满或需要只用删除数据的这个扇区和磁道,才会擦除原来的数据并且写入。而固态盘的特点却有很大不同。固态盘的记录是通过改变晶体管极性来进行数据存储及做到掉电非易失的。所以,被主控垃圾回收过程回收的数据块就相当于没有使用过,数据本身不会在硬件层上产生记忆效应。所以,想要恢复固态盘的数据,其实手段并不多。

本章的其余部分结构如下:第 4.2 节回顾了相关的工作,包括闪存、固态盘和 I/O 调度器。第 4.3 节通过多种微测试来验证说明固态盘的性能特征。第 4.4 节对分区调度器的设计原理和方法进行详细描述。第 4.5 节对分区调度器进行实验验证并给出实验结果。最后,进行总结。

4.2 I/O 调度器及固态盘内部并行性分析

4.2.1 闪存和固态盘

闪存和固态盘,尤其是它们的各种内部 FTL 机制和结构近年来受到学术界和工业界的广泛研究。Agrawal 等[6]讨论了固态盘各种不同的选择并进行了评估,还制定和公布了一个开源的固态盘模拟器。Lee[15]等人对闪存的内部算法和数据结构进行了全面的分析。DFTL[9]是一个页映射方案。它通过只存储部分地址的映射信息减少了所需的 RAM。由于工作负载的局部性,DFTL 能够节省存放映射信息的 RAM 需求,且没有任何性能损失。Grupp 等[32]对各种闪存芯片从性能、可靠性和能源消耗的方面进行了大量的实证研究,提出了一些有趣的结果。Chen 等人[25]通过观察所表现出的性能行为试图探讨固态盘的内部组织,尤其是其内部的并行性,并研究了固态盘在高速数据处理环境下其内部并行性的优势。

大量的研究工作也已经试图克服固态盘固有的技术限制,包括有限的寿命和有害的随机写操作。BPLRU[33]是一种新的缓冲区管理机制,旨在通过块级 LRU、页填充和 LRU 补偿来提高随机写入性能。PUD-LRU[48]是一种新的写缓冲器管理方法,通过观察块的更新距离,利用工作负载的时间局部性改善擦除效率。HybridSSD[59]内部用大量相变存储器作为日志区域吸收重复写入,从而减少到固态盘的写流量。Griffin 采用机械硬盘作为固态盘上的缓存层将随机写缓冲和转换为顺序写。ICash[29]将机械硬盘和固态盘智能地耦合在一个架构中,将很少修改的数据块存储在固态盘上作为参考块,而相对于参考块的小的增量变化被记录在机械硬盘上,通过这种方式充分利用机械硬盘和固态盘各自的优势,实现互补。从上层角度来看,日志结构的方法可以通过将随机写转换为顺序模式来提高固态盘的性能和寿命。最近,SFS[61]进一步改善了日志结构文件系统,通过将数据块根据热度不同分成不同的部分来减少到固态盘的随机写。

4.2.2　I/O 调度器

如图 4.1 给出了 Linux 系统中 I/O 调度层在磁盘访问路径中的位置。上层应用要经过文件系统层、通用块层、I/O 调度层、磁盘驱动层,最终访问到磁盘上的数据块的内容。文件系统层负责文件访问的地址转换,通用块层为块设备的访问提供抽象接口,包括 struct block_device 结构、struct bio 结构、struct request 结构、struct request_queue 结构和 struct elevator_type 结构。I/O 调度器的功能是将所有 I/O 请求按相应的调度策略排队,下发到下层的磁盘设备驱动器中。由磁盘设备驱动器完成对磁盘数据块的读/写操作。

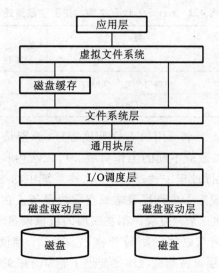

图 4.1　Linux 系统磁盘访问的 I/O 路径

Linux I/O 调度程序位于通用块层和磁盘驱动层之间,是块设备 I/O 子系统的重要部分,如图 4.1 所示。它负责接收来自通用块层的 I/O 请求,对 I/O 请求进行合并,然后按照相应的调度策略选择最合适的请求下发到块设备驱动程序中。块设备驱动程序会调用与设备类型相关的策略函数来响应这个 I/O请求。在 Linux 2.6.21 的内核源代码中,用来实现 I/O 调度程序的文件如表4.1 所示。

表 4.1　Linux 2.6.21 的内核中实现 I/O 调度的程序

文 件 路 径	描　　述
/include/linux/elevator.h	定义不同调度算法的公用数据结构及操作函数接口
/block/elevator.c	实现 elevator.h 中声明的一些函数
/block/noop-iosched.c	实现 Noop 调度算法
/block/as-iosched.c	实现 AS 调度算法
/block/deadine-iosched.c	用于实现 Deadline 调度算法
/block/cfq-iosched.c	用于实现 CFQ 调度算法

在 elevator.h 中定义了一些重要的数据结构,包括 elevator_ops、elevator_type 和 elevator_queue。elevator_ops 定义了操作函数接口,由不同的 I/O 调度算法调用。elevator_type 结构用于描述 I/O 调度的种类,其中主要字段描述如表 4.2所示。elevator_queue 结构描述使用的是哪种 I/O 调度算法。一般来说,每个物理块设备都有自己的请求队列,在各自的请求队列上执行 I/O 调度。

表 4.2　elevator_type 结构的主要字段描述

字　　段	类　　型	描　　述
ops	struct elevator_ops	实现该调度算法函数操作
elevator_attrs	struct elv_fs_entry *	Sys 接口
elevator_name	Char *	该调度算法的名称

在 Linux 内核中有 4 个可用的 I/O 调度程序,分别是 Noop、Deadline、CFQ 和 AS,可以从中选择以适应不同的工作负载。可以在内核引导时指定一种 I/O 调度算法,也可以在运行过程中通过 sysfs 文件系统中的/sys/block/sda/queue/scheduler 来为块设备设定 I/O 调度策略或查看块设备正在使用 I/O 调度算法的类型。除了 Noop,其他三个调度程序都在底层的机械硬盘上做了很多的假设,其理由是尽量减少连续请求之间的旋转开销,它在 4 个调度程序中是最简单的。Noop 在传递请求到底层设备驱动程序之前做了非常有限的优化。

在 Noop 中,所有请求简单地按 FIFO 方式排队,检查两个连续的请求是否可以合并。像电梯的工作方法一样对 I/O 请求进行组织,当有一个新的请求到来时,它将请求合并到最近的请求,以此来保证请求同一介质。Noop 倾向饿死读而利于写。在以前的研究中,对采用固态盘的系统,由于其是一种随机存取装置,故 Noop 已成为一种流行的选择。然而,Noop 调度程序无法充分利用固态盘的优势,例如,它不能对读、写请求分开处理,在很大程度上会产生读被写阻断的问题。此外,没有考虑不同进程的内在要求,从而产生严重的不公平性。

Deadline 在 Noop 的基础上进行改进,将读和写请求分离在各自的 FIFO 列表和红黑树上,并对每个请求都设置截止期限,确保每个请求在要求的期限之前被调度。同时,截止时间是可设置的,一般读截止时间要短于写截止时间,从而防止读操作对写操作造成的饥饿现象。每一个读请求被挂在一个读 FIFO 列表和一棵读红黑树上并按地址排序,每个写请求同样地被链接在一个写 FIFO 列表和一棵写红黑树上。选择一个请求调度时,如果有过期的请求,则立即调度过期的请求,否则将选择离最后一个请求物理上最相邻的请求来调度。该算法保证对于既定的 I/O 请求以最小的延迟时间调度,从而平衡了系统的 I/O 吞吐量和响应时间。

预期调度程序 AS 是基于 Deadline 调度算法实现的,其主要思想是每次服务完一个请求时,不是立即转而去服务其他已经在队列中的请求,而是让磁盘暂时空闲下来等待一段很短的时间以期望即将到来的请求会访问与该请求相邻的磁盘位置。在实现中,等待时间段的长度由历史请求到达时间的统计情况决定。由于程序的访问具有局部性特征,在等待的这段时间里应用往往会出现与之前请求相邻的请求。比如,上层应用在运行的过程中需要等待某互斥锁释放,因此会暂时停止产生磁盘 I/O 请求,获得了互斥锁后应用会继续运行产生相邻的磁盘请求。AS 调度算法通过暂时停止磁盘服务而等待连续的磁盘请求能够将随机的访问请求转化为顺序的访问请求,减少了磁头总的机械运动,从而提高请求的平均响应时间。这种方式对于随机读操作会带来比较大的延时,如对数据库应用负载,由于其负载自身特点,运行过程中会有很多的随机读操作,在应用时效果会很糟糕。AS 调度取代设备空转或马上切换到另一个进程执行,选择等待一段短时间以等待一些理想的请求,当设置的预期时间变为零时相当于 Deadline 调度。如果许多应用中存在大量的同步读请求,则它会表现出更高的性能。然而,应用到固态盘环境时,AS 调度算法的预期时间也不能得到很好的效果。

CFQ 调度为所有发出 I/O 请求的进程分配 I/O 带宽,特点是按照 I/O 请求的地址进行排序,而不是按照 FIFO 的方式来进行响应。通过对每个进程队列中的 I/O 请求进行排序,定时完成 Deadline 调度。基本思想是对 I/O 请求按地址进行排序,减少机械硬盘中 I/O 操作过程中的寻道时间和旋转延迟,从而在磁盘旋转次数尽可能少的情况下满足尽可能多的 I/O 请求。对于固态盘,I/O 请求的排序也能将对固态盘性能有害的随机写尽可能转化为顺序写,在提高性能的同时延长固态盘寿命。在 CFQ 调度算法下,磁盘的吞吐量得到了很大提高。但是与 Noop 调度相比,它的缺点是,由于缺乏 I/O 请求的进程信息,先来的 I/O 请求并不一定能被满足,有可能出现饿死的现象。CFQ 调度算法是对 Deadline 调度算法和 AS 调度算法的一种折中。

从以上的讨论中可以看出,除了 Noop 调度器外,其他三种调度器的核心都在于通过对请求排序将随机的磁盘访问转化为顺序访问模式,以减少磁盘磁头寻道操作。这种优化方法对于寻道操作占磁盘访问总开销绝大部分的机械硬盘来说是非常有效的,不仅能够提高磁盘访问性能,而且还可以提高可靠性和降低能耗。然而,对于没有机械寻道操作的随机访问固态盘而言,这种优化方法不仅失去了其存在的根据,而且还会在一定程度上影响固态盘性能的发挥。因此,在之前的相关研究中一般都采用 Noop 调度器作为固态盘的 I/O 调度器。然而,所有的调度器都没有考虑到固态盘内在的特征,比如丰富的内在并行性、非对称读/写性能等。这些特征往往有利于提高固态盘性能和避免其缺陷。

研究者对 I/O 调度优化也进行了广泛的研究。AS 调度器在切换到其他进程或设备空转前花很短的时间预期希望的请求,每次调度决策时在收益和成本之间进行权衡。合作预期调度器 CAS 是预期调度器 AS 的改进,消除了预期调度过程中可能出现的进程饥饿现象。Fahrrad[63]为每个进程提供磁盘利用率保证,而 Argon[64]为每个进程提供吞吐量保证,避免性能干扰和高速缓存污染。Xu 等人[53]提出只根据请求特征来获得必要的请求位置信息。然而,这些调度都基于传统机械硬盘的假设。近年来也有研究致力于改善传统的 I/O 调度和设计新的调度程序以适应固态盘存储。Wang 等人[77]提出了一种新的固态盘 I/O 调度策略,其基本思想是考虑调度与前一个请求在相同的块范围内的写请求,以避免块跨界问题。最近,Park 和 Shen[52]设计了一个面向固态盘的调度器,能够实现高性能和合理的公平性。

基于以上分析,考虑到机械硬盘和固态盘具有完全不同的性能特点及在固态盘环境下现有的各种调度器存在的各种缺陷,需要设计能够充分利用固态盘自身优势的面向固态盘的调度器。因此,为了充分利用固态盘的特殊性,本章提出一种新的面向固态盘的 I/O 调度器——分区调度器(regional scheduler,RS)。整个固态盘空间被分成几个不同的区域,且每个区域都有独立的调度队列,请求按访问地址放入不同的队列,各个队列以循环轮转的方式进行调度。空间分割的目的是充分利用固态盘内部丰富的并行性[49],同时从不同的请求队列向不同的固态盘区域进行请求调度。每个队列中读请求和写请求的处理方式不同,在分区调度器中,每个写请求被同时放置在一个 FIFO 队列和一棵红黑树中,而读请求则只放在一个 FIFO 队列中。这样设计的原因是考虑到随机写比顺序写要慢得多,并且对固态盘寿命有害,而随机读的性能与顺序读的基本相同。同时,为进一步利用各个区域内部的并行性且避免过多的读操作被写操作封锁干扰[52],请求以分批的方式发送到各个区域。为保证较好的响应时间,分区调度器赋予读请求更高的优先级。使用不同工作负载的分区调度器实验结果表明,与现有的各种 I/O 调度器相比,分区调度器能够明显地提高性能。

分区调度器研究工作的主要贡献包括以下两点:结合固态盘的各种不同特性提出了一种新的高效的固态盘 I/O 调度器;在 Linux 2.6.32.16 中实现了一个原

型系统,并希望能在学术界和工业界全面公开此内核结构。

4.2.3　固态盘内部并行性

闪存芯片具有多层结构,包括芯片(chip)、晶圆(die)、分组(plane)、块(block)、页(page)。芯片是最外层结构,拥有完整的外围电路和信号线,晶圆是闪存的第二层结构,每个晶圆有一个内部的工作状态信号线,用于对晶圆的状态进行查询。分组是闪存中的关键层,每个分组中都设置了一个或多个寄存器,用于提高闪存的读/写速度。块是闪存中擦除操作的基本单元,一个分组中包含若干个物理块。页是闪存中读/写操作的基本单元,一个物理块中包含固定数量的物理块。

固态盘内部有四个层次的并行结构:通道间并行、芯片间并行、晶圆间并行和分组间并行。单个闪存芯片的读/写速度有限,单个通道的数据传输速度也有限,要提高固态盘的读/写性能,就需要考虑充分利用固态盘内部这些丰富的并行性。通道间的并行性利用的是固态盘提供的多个独立通道,每个通道都有自己独立的通道控制器,各个通道之间的读/写操作不会相互影响,使得多个通道之间可以并行工作。而在一个通道上,又存在多个芯片,同一个通道上的不同芯片共用一组数据总线,通过流水的方式利用芯片之间的并行性,使得通道、芯片的资源利用率均有一定提高。一个闪存芯片内部一般会整合多个晶圆,它们共用一套外围电路,单个芯片上的不同晶圆之间是相互独立的,每个晶圆都有自己的工作状态信号线,通过这个信号线,对一个芯片内的多个晶圆进行流水操作。分组是由一定数量的物理块组成的,每个分组都有一个或两个寄存器,利用多分组操作命令,可以对多个分组的访问过程实现完全并发。通过这些多层次的并行性的利用,提高了固态盘中读操作和写操作的通道利用率,芯片的资源利用率也得到提高。

当然,在综合使用这四个层次的并行性时,还需要考虑它们使用时的优先级问题。研究发现,最佳的优先级方案是通道间并行优先级最高,然后是晶圆间并行,后面依次是分组间并行和芯片间并行。

下面将分别从芯片之间、数据线之间及通道之间这三个层面来讨论固态盘内部的并行性。

1. 芯片之间旳并行性

芯片之间的并行性是固态盘内部并行层次架构中最低层次的并行性。它包括两种类型的并行性:一类是处于同一个拓扑结构下,比如挂接在同一通道下的芯片之间可以并行地执行到达各自的命令和操作等;另一类是不同拓扑结构下面的芯片之间也可以并行操作。第二类芯片之间的并行性比第一类所受的限制更少,比如它们之间不需要竞争通道的使用权,因而相对而言可以达到更高的并行效率。在结构上,每个芯片都有独立的芯片使能控制信号,因此芯片内部的数据读/写过程可以并行地完成。由于芯片内部也是由页面、块、分组、晶圆等层次结构组成的,因此,芯片内部也存在一定程度的并行性。在后面,我们将看到这种并行性是非常有限的,若发送到芯片上的并发请求数量超过其并行服务能力,性能反而会因为内部更激烈的资源竞争而下降。芯片之间并行性的可利用程度与逻辑数据在芯片之间的分配方式及应用对数据的访问模式有关。若连续逻辑数据以交叉(interleaving)方式分配到芯片上,则芯片之间的并行性将有利于提高应用的顺序访问性能;若逻辑数据是以连续的方式分配到芯片中,即数据先被分配到一个芯片上,在该芯片被用满后,再分配到下一个芯片,则应用程序顺序访问时并不能利用芯片之间的并行性。

2. 数据线之间的并行性

固态盘之间的各种构成部件通过内部丰富的数据线连接起来,组成一个统一的逻辑整体。控制器与芯片之间的控制流和数据流都需要通过数据线传递。数据线之间的并行性包括芯片内部连接线之间的并行使用及连接芯片的数据线之间的并行使用。提高数据线并行利用率的关键在于以最优的调度方式将数据线的使用授权给所有的竞争部件。

3. 通道之间的并行性

通道是固态盘内部的第二层抽象结构部件,它负责所有挂接在该通道下面的芯片工作,包括芯片的选择、数据的传输、命令的发送等。每个通道都有对应的通道控制器来控制该通道的工作,所有从固态盘控制器中发出的控制流和数据流都必须首先经过通道再下发到通道下面的芯片。通常一个固态盘内部只有数个通道,而一个通道下面可以挂接多个芯片,因此通道的竞争程度要比芯片和数据线的竞争程度激烈多了。如何利用通道之间的并行性对于提高系统性能而言至关重要。假设一个固态盘内部有两个通道,每个通道下面负责管理多个芯片,若上层应用只集中地对其中一个通道下面的芯片进行访问,则会导致该通道的竞争异常激烈,而另一个通道则完全处于空闲状态。为了最大限度地利用所有通道之间的并行性,可以对上层应用程序进行优化或者在固态盘控制器内部进行调度优化,避免到达下面各芯片上的控制流和数据流呈现集中性和突发性。

利用并行性的关键在于提高操作在空间上的并行性和时间上的并发性。空间上的并行性是指能够尽量将操作分散在不同的独立物理操作单元上,尽量避免各个操作在执行过程中的相互依赖影响,比如对共享资源的竞争。对于固态盘内部的并行性而言,空间上的并行性是指尽量将操作发送到不同通道、不同芯片上执行。时间上的并发性是指在同一时间段内对尽量多的请求提供服务。并发性往往采用流水线技术实现。并发性通常是以并行性为基础的。尽管固态盘内部存在以上所讨论的多样并行性,然而已有相关研究中并没有提出一种有效的主动利用这些并行性来提高性能的系统。它们大多通过仿真方法来模拟设计固态盘内部的并行性,并对其中可能影响并行性的参数进行讨论。很多情况下,人们只是简单地认为向固态盘同时提交多个请求即可以利用固态盘的并行性。然而对固态盘的测试表明,同时提交多个请求到固态盘并不一定总是能够提高固态盘性能,相反,在某些情况下过度的并行请求将会导致固态盘整体性能下降。

4.3   对固态盘性能特征的分析

在本节中,通过一些微测试,已获得了一些建议和设计方法。测试主要围绕以下两个问题展开:

(1)随机和顺序模式是如何执行的;

(2)地址空间对性能可能有什么影响。

选择使用 IOzone 基准测试工具来测量性能,选择 Noop 调度器在一个 64 GB 的 MLC 固态盘上进行了微测试,并且进行了两组实验以说明固态盘的性能特性,并给出了合理的分析和猜测。

4.3.1   随机操作和顺序操作的不同

这组实验中,在一个 256 MB 的文件中使用各种请求测试了一组顺序写、随机写、顺序读和随机读的性能。图 4.2 给出了性能结果。从图中可以看到三个有趣的现象。第一,随机读与顺序读表现一直相同,这个现象很容易理解,因为固态盘本质上是一种随机存取设备,固态盘上的读操作不具备破坏性。第二,由于过度的随机写[6]带来的间接成本,顺序写几乎总是优于随机写,因此应尽可能减少随机写。第三,当记录大小接近一个特定的值(如 8~16 MB)时,顺序写和随机写之间的性能差距在这个转折点会突然消失。可能的原因是,当记录大小为固态盘块大小的倍数时,块清理开销将显著降低,性能会相应地提高。从上面的三点观察可以得出以下的初步结论:虽然读请求排序对性能并没有太大改善,将随机写转换成顺序写是有益的。有效的顺序写不必是非常严格的顺序写,只建立少量的顺序写请求也可以带来性能的提升。实际工作负载中,由于普遍存在的时间和空间局部性,这种短的顺序性可能经常出现。

4.3.2   固态盘内部并行性

固态盘内部存在大量并行性[49],但这些并行性如何被上层系统(如操作系统或应用程序)看到,它们可以什么样的方式被充分利用来改善性能仍未可知。在本节中,将从地址空间的角度调查内部并行性,研究将固态盘划分为不同的区域能否提高并行性。在这个实验过程中,使用文件大小来模拟底层固态盘地址空

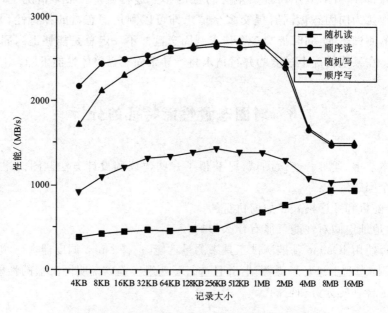

图 4.2 不同记录大小下的随机和顺序存取性能

间,在一个大小固定的文件上为每个运行进程创建一系列的并发线程,图 4.3 显示了这个过程。具体而言,在一个 1 GB 的文件上分别运行 1、2、4、6、8 个线程,然后报告这些随机读和随机写的性能。横坐标表示并发工作线程的数量变化,纵坐标以 MB/s 为单位给出性能。如图 4.3 所示,随机读和随机写随着线程数量的增加表现出不同的性能特点。在四个线程同时运行的情况下,随机读的性能首先上升到最大值,但随着线程数量的进一步增加又会降低。相反,随机写的性能随着线程数量增加而逐渐降低。其原因可能是,在并行性和资源竞争之间存在一个互相制衡的因素,包括内部连接线路的串行化要求和并行操作部件之间需要的同步化机制。一般情况下,适度的并行性会对性能有所帮助,但过度地利用并行性反而会适得其反,降低性能。

同样,可以下列方式解释这些实验现象。整个文件可以被近似地认为是底层固态盘的一个连续空间。当只有一个线程工作时,其性能是最佳的,因为访问模式是单一的和可预测的,没有其他线程的干扰[52]。然而增加线程数量会导致更多的具有不同访问行为的线程在同一区域工作,高度的并发性和相互间干扰会导致整体性能降低。根据这些实验结果,可以提出区域分割和批处理调度的设计原则,这在下面的章节会具体给出。

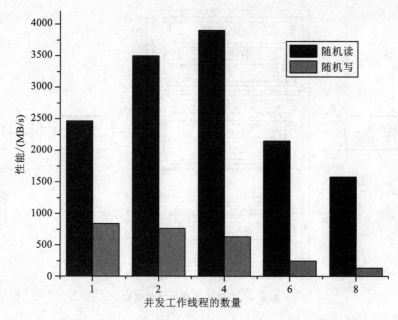

图 4.3   在 1 GB 文件上随着并发线程数量变化而变化的随机读和随机写性能

4.4   分区调度器的设计与实现

本节详细讨论分区调度器的设计和实现。首先给出分区调度器的体系结构,然后对构成分区调度器的基本工作机制的每一个技术进行专门讨论,最后从分区调度器中读/写请求如何处理的角度给出其工作流程。

4.4.1   结构概述

Linux 提供了一个非常强大且灵活方便的框架,便于在内核中开发和集成新的 I/O 调度器[50]。Linux 的 I/O 调度层是块层子系统的一部分,并对块子系统的整体性能具有重要影响,位于上面的通用块层和下面的磁盘驱动层之间。I/O 调度器的主要任务是执行与设备有关的优化操作(比如合并、排序),并决定下一步调度底层磁盘驱动器调度队列中的哪一个请求。在 I/O 调度层,每个请求用一个 I/O 请求块来表示,是一个基本调度单位。每个请求中包含的信息有目标地址、操作类型(读或写)、对应的内存页等。

图 4.4 给出了分区调度器的总体结构图。如图 4.4 所示,整个固态盘空间按逻辑地址划分成了不同的固定大小的分区,每个分区都有自己的调度队列,以循

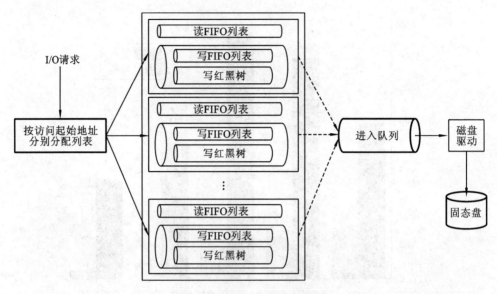

图 4.4　分区调度器的总体结构

环轮转的方式进行调度,每个请求按访问起始地址被分配到不同的队列中。在每个区域的队列中,请求被组织为不同的数据结构。读请求只在读 FIFO 列表中保存,而写请求被同时记录在一个写 FIFO 列表和一棵红黑树中。使用 FIFO 列表是为了防止饥饿,而红黑树将被用来在区域范围内按地址顺序排序和调度,将随机写转化为顺序写。

4.4.2　空间分区

空间分区的目的是利用各区域之间的并行性。在分区调度器中,一组逻辑上连续的地址空间被定义为一个区域。然而,这种分区方法的有效性高度依赖于其内部寻址模式,但这些信息在固态盘规格说明中并没有公开。例如,当底层固态盘采用类似 RAID 的条带寻址模式时,逻辑连续地址划分(LCAP)可能不会非常有效。但对于使用基于页面映射的闪存转换层(FTL)来说,由于按块[55]分配策略和工作负载局部性[55]的共同作用,对应于相同块的逻辑地址也会是连续的,这意味着 LCAP 至少能够利用不同并行组件之间的块级并行性。在本章中,主要考虑连续编址的分区,其他方案将在以后的工作中研究。

第 4.3 节的微测试实验已经说明,可以并发地利用各个不同区域以提高性能,但同时,为实现其最佳潜能,每个区域不能承担过高的并发性,因为每个区域存在一个能够负担的服务能力的最佳程度。图 4.5 简要地描述了这个场景,区域调度器的性能会高于其他四个调度器:Noop、Deadline、CFQ 和 AS。假设整个固态盘空间被划分成三个区域,每个区域可以服务的请求的最佳数目是 N,请求按

图 4.5 中所示顺序到达 I/O 调度器。整个队列包含三个子队列：R_1 到 R_{N_1}、R_{N_1+1} 到 R_{N_2} 和 R_{N_2+1} 到 R_{N_3}（$N_1 > N$，并且 $N_{i+1} - (N_i + 1) > N, i = 1, 2$）分别访问区域 1、区域 2 和区域 3。每个子序列中的请求很可能是由同一个进程连续发出的，发出的时间间隔不超过时间阈值，因此不会产生调度的切换。在这种情况下，所有的 Noop、Deadline、CFQ 和 AS 调度器的每个子序列向各自的区域发出所有请求。不幸的是，采用这种方法的调度可能会对性能产生不利影响。首先，每个区域将连续地接收相应整个子序列的请求，但请求数目却超过最佳阈值。其次，可能的请求干扰会使情况更加复杂化，特别是在 Noop 调度器不区分对待不同请求类型的情况下。再次，每个子序列的请求调度的时间可能会由于区域过于拥挤而延长，造成性能下降。

　　为了减少这些限制，分区调度器将固态盘空间划分为不同的区域，根据请求的目标位置来组织和调度。具体而言，分区调度器为每个分区关联一个子队列，并以循环轮转的方式提供服务。每次只从子队列中调度合理数量的请求，以避免区域过于拥挤，如图 4.5 所示，每一轮调度时只有 N 个请求被分派到一个分区。例如，有 N_1 个请求 R_1 至 R_{N_1}（$N_1 > N$）到区域 1，分区调度器在本轮只发出请求 R_1 至 R_N，便立即转入调度下一个子队列中的请求。通过这种方式，分区调度器能够合理地利用不同区域之间的并行性，并且由于子队列中读和写请求分离，因此区域内的干扰达到最小化。

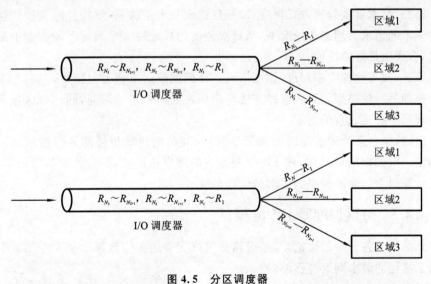

图 4.5　分区调度器

4.4.3　请求的队列组织

本节讨论分区调度器中内部子队列的具体组织结构。在该调度器中，整个固态盘空间按逻辑地址划分成若干固定大小的分区,请求按开始地址进入相应的子队列,并且每个请求在到达子队列时附上了一个截止期。在子队列中,读和写请求的处理方式是不同的。如图 4.4 所示,每个子队列中有三个重要的数据结构。一个是连接读请求的 FIFO 列表,该列表按请求到达的时间先后将所有的读请求链接在一起,并按截止期顺序调度该列表上的读请求。而写请求则被同时放置在另一个额外的 FIFO 列表和一棵红黑树上。为了防止饥饿发生,每个写请求都需要同时放在 FIFO 列表和红黑树中,并按访问地址将写请求排序以创造写顺序。和以前的各种调度方法不同的是,分区调度器并没有对读请求排序。这样做的原因在于随机读具有与顺序读相当的性能,因而可以节省读请求的排序时间。总之,这样调度请求的原因在于充分利用由于固态盘本身的固有特性而产生的读和写之间的性能差异。

4.4.4 读/写请求的调度

I/O 调度器负责将请求队列中的请求发送到下层磁盘驱动器上。如前所述,分区调度器以循环轮转的方式服务各子队列,并采用了四项技术来执行 I/O 请求。

第一,通过为读请求分配较小的截止时间为读请求提供了更高的优先级。这样做的目的是"让快的先完成",以避免读请求被不必要地延迟。此外,读请求通常来自于同步过程,对性能更加敏感,因而首先调度它们将有利于整体性能。

第二,请求以批处理方式调度,即一旦选定某个子队列,就将连续调度该队列中的一系列请求。理想的情况下,当每次调度的批处理请求数等于固态盘的最优值时,会产生最好的性能。

第三,在每轮调度中,分区调度器只选择调度读请求或者写请求,然后在下一轮切换到另一种类型。采用这种方法将确保在任何特定的时间,同一个区域只需要处理同一类读或写的请求。

第四,每当某个请求超时而被调度时,与其访问地址相邻的其他请求也一起被调度。对到期的读请求,按 FIFO 列表中的顺序被调度,而对到期的写请求,那些按红黑树上的地址排序的请求被选择调度。

4.4.5 分区调度器工作流程

总结前面各节中的讨论,能够得到分区调度器的工作流程的全面介绍。下面给出了简化的请求调度过程的伪代码。

```
/* procedure invoked to dispatch queued requests * /
For each queue in queue_array{
    if(is_empty(queue))
      continue;
```

```
    if(read_expire(queue)){
/* dispatch the front read_batch requests from the read
FIFO expire list* /
        dispatch_batch_reads(queue);
        queue.last_round_type= READ;
        continue;
    }
    if(write_expire(queue)){
    queue. current_write= expired_write;
/*  dispatch the write_batch requests immediately following
    queue. current_write in the write RB tree* /
        dispatch_batch_writes(queue);
        queue. last_round_type= WRITE;
        //set the write request from where to start in its
next round
         queue. next_write= rb_tree_next(queue. last_
dispatched);
            continue;
    }
    if(last_round_type(queue)= = READ){
    /* handle writes in this round* /
        queue. current_write= queue. next_write;
        if(queue.current_write= = NULL)
          queue. current_write= rb_tree_first(queue.
write_rb_tree);
        dispatch_batch_writes(queue);
        queue. last_round_type= WRITE;
         queue. next_write= rb_tree_next(queue. last_
dispatched);
        continue;
    }
    if(last_round_type(queue)= = WRITE){
    queue.current_write= rb_tree_first(queue.write_rb_tree);
    /* handle reads in this round* /
        dispatch_batch_reads(queue);
        queue. last_round_type= READ;
        continue;
    }
}
```

对每一个区域调度队列,它会首先检查该队列是否为空(没有等待的请求)。如果为空,则跳过该队列,并调度下一个队列。接着检查是否存在过期的请求,如果存在到期的读请求,调用批量读 reads() 调度读 FIFO 列表中的第一个读批处理请求;如果读 FIFO 列表中不再有读批量请求,则简单地调度所有请求并返回。如果存在到期的写请求,则调用批量写 writes() 从 queue.last 调度连续写批处理请求,设置 queue.last 派遣到最后一个请求。如果红黑树中不再有写批量请求,则调度所有请求,设置 queue.last 到 NULL,然后返回。

4.5 实验评估

为了验证分区调度器的效果,本节基于 Linux 2.6.32.16 实现了一个系统原型并对其进行实验验证。实验过程中,批量读、批量写、读过期时间、写过期时间的默认值分别设置为 20 ms、50 ms、10 ms 和 30 ms。测试平台服务器为双核 Intel(R)Xeon(R)CPU E54052.00GHz 处理器,8 GB 内存。使用 FileBench[66] 来生成工作负载测试。FileBench 是由 Sun Microsystems 开发的,用于文件系统的性能分析。它提供了多种不同工作负载的特征文件,并且用户可以修改特征文件中的不同参数。本章实验选择文件服务器、Web 服务器、邮件服务器和 OLTP(数据库)这四种典型负载作为目标工作负载,它们代表了广泛的现实工作负载。

4.5.1 工作负载的性能

在本节中,将所选的工作负载运行在 Linux 的四种调度器,即 Noop、Deadline、CFQ、AS 及本章所提出的分区调度器(RS)上来进行性能的比较。图 4.6 显示了它们在文件服务器上的性能比较,图 4.7 显示了在 Web 服务器上的性能比较,图 4.8 显示了在邮件服务器上的性能比较,图 4.9 显示了在 OLTP 负载上的性能比较。横坐标表示所用的调度器,纵坐标以 op/s 给出性能。如图所示,分区调度器在所有的工作负载上性能一直优于其他四个调度器的。特别值得注意的是,与其他四个调度器中表现最好的相比,分区调度器在文件服务器、Web 服务器、邮件服务器和 OLTP 四种负载下的性能提升分别达到 20%、25%、17% 和 32%。而 OLTP 工作负载获得最大的性能提高,其原因有两方面。首先,OLTP 是一个高度密集的读和随机访问的工作负载[66],这类访问模式自身就能很好地利用固态盘的并行性。其次,分区调度器没有读排序,可以节省计算时间(同时,由于其读取的随机性而不会失去读并行性),而写排序在一定程度上成功地将有害的随机写转换成了友好的顺序写,从而改善了性能。总体而言,分区调度器在大量的工作负载上均表现出一定的性能优势。综合而言,实验结果表明,通过将固态盘划分为不同的区域从而利用内部并行性能够提高各类应用的性能,最高可达到 32%。由于所选择的负载代表了较广泛的负载类型,因而区域调度器具有较好的普遍性。

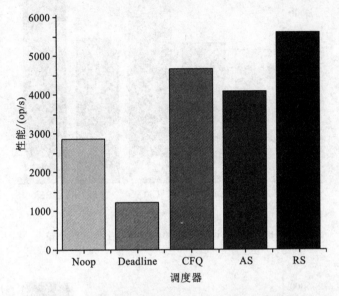

图 4.6　不同的调度器在文件服务器上的性能比较

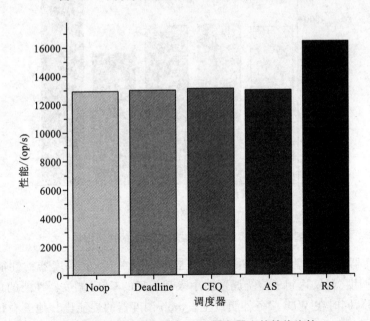

图 4.7　不同的调度器在 Web 服务器上的性能比较

另外,从这个实验中,也可以观察到一些关于传统调度器的有趣发现。首先,

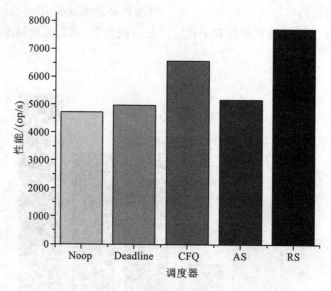

图 4.8 不同的调度器在邮件服务器上的性能比较

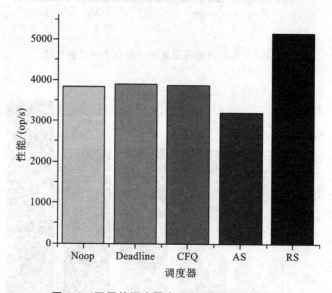

图 4.9 不同的调度器在 OLTP 上的性能比较

Noop 调度器在固态盘上表现并不是最佳的。例如,Noop 调度器的性能仅超过 Deadline 调度器,仅达到了传统调度器中表现最好的 CFQ 调度器性能的一半左右 (见图 4.6),同时在 Web 服务器负载上,Noop 调度器的性能比其他三个传统调度 器都要差(见图 4.7)。其次,在一般情况下,负载越读敏感,这些传统的调度器的 性能差异越小。例如,文件服务器(r/w 为 1/2)的性能差异大于 Web 服务器(r/w

为 10 ∶ 1)的。这意味着,不同的调度器应考虑给读请求比写请求更高的优先级,本章提出的分区调度器正是这样设计的。

4.5.2　微测试

为了进一步分析分区调度器(RS)性能优于其他调度器的原因,本小节进行了微测试实验。首先给出整体性能结果,然后给出这些微测试的平均读和写请求延迟。选择顺序读(SeqR)、顺序写(SeqW)、随机读(RandR)和随机写(RandW)四种工作负载。图 4.10 给出了各种调度器在顺序读负载下的性能结果,图 4.11 给出了各种调度器在随机读负载下的性能结果,图 4.12 给出了各种调度器在顺序写负载下的性能结果,图 4.13 给出了各种调度器在随机写负载下的性能结果。横坐标表示所用的调度器,纵坐标以 MB/s 给出性能。从图中可以看出,分区调度器不同程度地提高了所有微负载的性能,与其他四个调度器中表现最好的相比,性能的提升分别是:随机读,3％;顺序读,8％;顺序写,17％;随机写,23％。一般来说,分区调度器对写的改善比对读的改善更有效。对于读请求,顺序模式比随机模式改善更多,而对写请求,随机模式比顺序模式改善更多。原因是读性能是更可预测的和一致的,读并行性将是主要因素,而写性能是不稳定和多变的,创建顺序性将是主要的影响因素。因此,随机读改善较少是因为它可以利用并行本身而随机写改善较大是因为它提供了更多的机会产生顺序性。

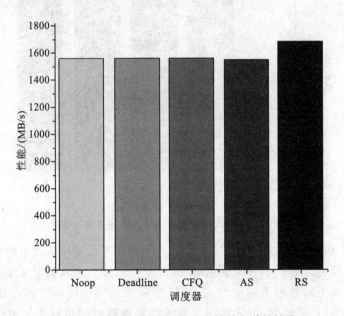

图 4.10　不同的调度器上运行顺序读负载的性能

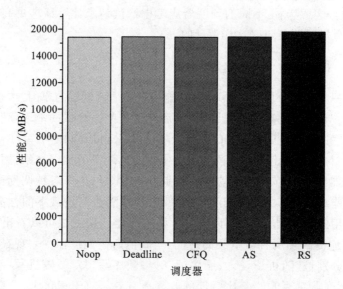

图 4.11 不同的调度器上运行随机读负载的性能

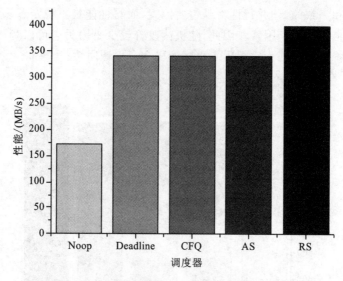

图 4.12 不同的调度器上运行顺序写负载的性能

图 4.14 和图 4.15 分别给出了在随机读和随机写微工作负载上的运行进程的平均读和写延时。它从另一个角度解释了为什么分区调度器优于其他调度器。横坐标表示所用的各种不同的调度器,纵坐标表示与分区调度器相比性能的比值,即相对延时。总体而言,分区调度器的平均延迟时间相对其他调度器而言降低了,而随机写的减少量大于随机读的,其原因与之前的原因类似。相应地,减少

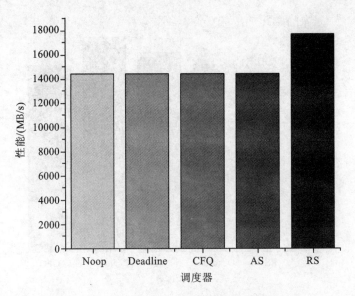

图 4.13 不同的调度器上运行随机写负载的性能

的写延时是底层固态盘耗损改善的一个指标,表明分区调度器对底层固态盘的使用是友好的。

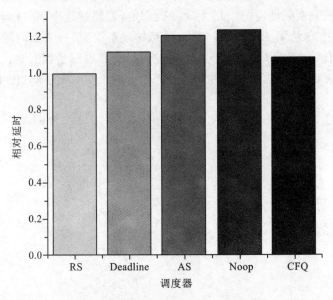

图 4.14 不同调度器的平均读延时

最后,为了进一步考察每种技术的效果,我们给出随机读和随机写工作负载的平均读和写延时,并且设置不同的读/写批量参数值,报告不同的批量读的读延迟和不同的批量写的写延时的关系。图 4.16 和图 4.17 给出了实验结果。横坐标

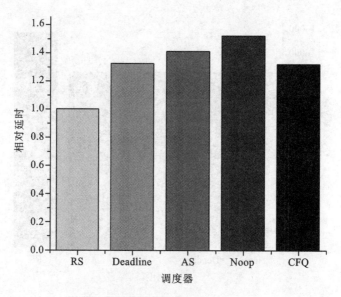

图 4.15   不同调度器的平均写延时

给出读/写批量操作的参数值,纵坐标给出在随机读和随机写负载下的平均延时。从图 4.16 可以看出,随着批量读的增加,平均读延时首先减小,然后在某个点又增大。这表明一个区域有一个最大读并行阈值,若超过这个阈值,则性能会受到影响。相比之下,从图 4.17 可以知道,从总体趋势上看,写入延时随着批量写增加而不断恶化,这表明并行性对写操作没有帮助,其原因是固态盘内部的写操作都是首先在缓存中完成,过多的并发写受到缓存的限制而无法得到性能提升。

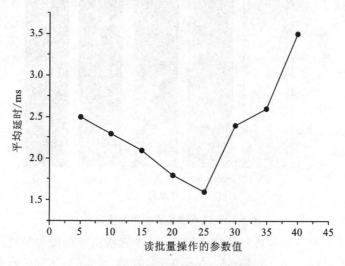

图 4.16   批量读变化时的延时情况

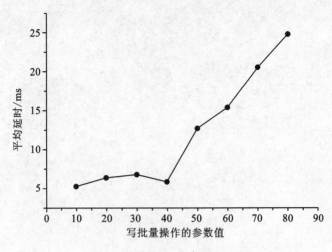

图 4.17 批量写变化时的延时情况

4.6 本章小结

随着存储系统逐渐向基于固态盘转化,现有基于传统的旋转式机械硬盘的 I/O 调度器已经不能充分利用固态盘的潜在性能优势。因而系统设计人员需要重新思考和评估基于固态盘的 I/O 调度器。本章提出了一种新的固态盘 I/O 调度器——分区调度器,该调度器能够提供比现有的四个 Linux I/O 调度器更高的性能。在设计上,分区调度器充分考虑了固态盘的特殊性,采用空间分区、读请求优先和排序三种策略,以最大限度地利用固态盘内部并行性,同时避免读/写干扰。大量的实验结果表明,它能够提高其在一系列工作负载上的性能。虽然固态盘非常有潜力为未来的存储系统服务,但其未公开的内部可能成为下一步发展的障碍。固态盘的行为在内部有时是不一致的,不同的厂商有不同的固件设计,这大大限制了优化方法的使用和发展。

第 5 章 利用重删和增量编码的固态盘写优化

基于闪存的固态盘由于其自身的性能优势,在存储系统中应用非常广泛,但也有其自身的缺点,从而限制用户对其的信任,关键问题是其寿命有限,以及随容量被消耗,其可靠性也逐渐衰减。各种缓存优化和重复数据删除技术已经被提出来解决这些问题,主要原则都是试图减少到固态盘的有效写流量。

在本章中,基于两个重要的观察结果:

(1)存在大量的重复数据块。

(2)元数据块比数据块被更加频繁地访问或修改,但每次更新仅有微小变化,提出了 Flash Saver,耦合 EXT2/3 文件系统,同时利用重复数据删除和增量编码两种技术来减少到固态盘的写流量。Flash Saver 将重复数据删除用于文件系统数据块,将增量编码用于文件系统元数据块。实验结果表明,Flash Saver 可减少高达 63% 的总写流量,从而使其具有更长的使用寿命、更大的有效闪存空间和更高的可靠性。

5.1　概　　述

基于闪存的固态盘由于其高性能、低功耗及合理的耐冲击性等特点已被逐渐应用在从手持设备到大型数据中心[72]等各种场合。与传统机械硬盘不同,基于闪存的固态盘完全建立在半导体元件上,摆脱了与传统机械硬盘相关的各种机械限制。然而,固态盘也有缺点,如存在寿命有限、可靠性会衰减、成本较高及损耗均衡等问题[68,69,70]。这些都限制了其进一步的应用。为此已经开展大量研究[84,93]来解决这些问题。

这些问题根本和关键的原因是,基于闪存的固态盘寿命是有限的,这源于闪存芯片的本性。闪存芯片只能维持有限数量的编程/擦除(P/E)周期,如有 10 KB 的 MLC 闪存芯片和 100 KB 的 SLC 闪存芯片,存储之后将变得不可靠。换句话说,固态盘能够可靠写入的总容量是有限的。例如,对于一个只能承受 10×10^3 周期的 60 GB NAND MLC 固态盘组件,在理想的损耗均衡策略下,在其安全寿命内可以写入的最大写流量大约是 600 TB。因此,延长固态盘使用寿命的关键点是尽量减少实际到达闪存芯片的有效写流量,以延缓其老化过程。将写请求凝聚在缓存层(尤其是小的随机写)[80,93,94]和消除重复数据块的方法[75,79]已经被提出来减少写流量,以提高固态盘的寿命。

在本章中,提出了一种新的架构——Flash Saver,将重复数据删除和增量编码技术相结合,利用大多数工作负载所呈现的内容局部性[75]减少写流量。具体来说,Flash Saver 将文件系统中固定大小(例如 4 KB)的块语义识别为数据块和元数据块。对数据块,计算块的 SHA-1 散列值,并使用这个散列值(又名指纹)来检查该块是否已被存储,从而避免重复存储。由于块级的共性和规律性,这种方式可以识别并消除合理的重复数据块,从而节省闪存空间并延长寿命。对元数据块,则通过记录元数据块的增量变化来节省 I/O 和存储空间[95]。在大多数情况下,文件系统元数据块仅被频繁地小量修改。例如,当分配或释放一个节点时,只有几个字段作为保留计数器,位图中的相应位被修改到 inode 块中。更多的时候,当访问文件时,即使没有任何数据写入,对应的 inode 块也应该被修改,如 atime 域应该修改。更重要的是,任何对现有块的更新会导致它是一个新的唯一块。因此,每次计算元块的指纹,都将只是浪费 CPU 周期。实验结果表明,Flash Saver 通过将这两种技术组合在一起,能够减少高达 63% 的写流量,这在很大程度上优于仅用重复数据删除的方法。

本章的其余部分结构如下:第 5.2 节阐述设计 Flash Saver 的原因及必须解决的关键问题。第 5.3 节详细讨论 Flash Saver 的设计细节,并在第 5.4 节中进行实验测试,对其进行性能评估,最后给出结论和展望未来的工作。

5.2 设计动机和考虑因素

文件系统中的数据分为数据(data)和元数据(metadata)。数据是指用户看到的文件中的实际数据内容,而元数据是描述其他数据的数据,或者说是描述信息资源或数据等对象的数据,主要描述数据的属性信息。文件系统中,每个文件都对应一个元数据结构体,包含该文件的属性信息,如文件所有者、访问控制方式、文件创建/修改的时间等。传统的 UNIX 系统中是使用 i 节点来存放文件的元数据信息。PVFS 等并行文件系统则是将文件的元数据和数据分开存储,从而把元数据和数据操作的负载分离开来。

使用元数据的目的在于识别资源、实现信息资源的有效发现和查找、识别资源、评价资源等。其结构和完整性依赖于信息资源的使用价值和环境。元数据也是数据,可用类似数据的方法在数据库中进行存储和获取。用户使用数据时可以首先查看元数据来获取自己想要的信息。

元数据的管理方式有三种:集中式管理、分布式管理和混合式管理。集中式管理是用一个独立的系统来集中管理元数据,占用的资源较少,代价也很低。缺点是单一的元数据服务器可能会成为系统性能的潜在瓶颈。分布式管理则需要多个对象存储服务器来管理元数据信息,其优点是能保证元数据的质量,但是也带来了一致性维护的问题,增加了元数据的定位难度。混合式管理吸取了这两种管理方式的优点,可以针对不同的数据和元数据选择采用分布式管理还是集中式管理。

随着大数据应用的发展,数据存储量逐渐膨胀,相应的元数据量越来越大,对元数据性能的要求也越来越高,因此,如何有效组织元数据并提高元数据性能变得更为重要。

重复数据删除是一种数据缩减技术,通常用于基于磁盘的备份系统,通过删除数据集中重复的数据,只保留一份备份,消除不必要的冗余数据,从而大幅减少对存储空间容量的需求。重复的数据块用指示符取代。高度冗余的数据集(例如备份数据)从数据重复删除技术中的获益极大。用户可以实现 10∶1 至 50∶1 的缩减比。而且,重复数据删除技术可以允许用户的不同站点之间进行高效、经济的备份数据复制。重复数据删除技术可以增加存储系统的有效存储空间,提高存储效率,节省设备成本和数据传输时的网络带宽,有效控制数据量的急剧增长。

厂商采纳的执行重复数据删除的基本方法有三种。

第一种是基于散列的方法,Data Domain、飞康、昆腾的 DXi 系列设备都是采用 SHA-1、MD-5 等类似的算法将这些进行备份的数据流断成块并且为每个数据块生成一个散列。如果新数据块的散列与备份设备上散列索引中的一个散列匹配,则表明该数据已经被备份,设备只更新它的表,以说明在这个新位置上也存在该数据。基于散列的方法存在内置的可扩展性问题。为了快速识别一个数据块是否已经被备份,这种基于散列的方法会在内存中拥有散列索引。当被备份的数据块数量增加时,该索引也随之增长。一旦索引增长超过了设备在内存中保存它所支持的容量,性能会急速下降,同时磁盘搜索会比内存搜索更慢。因此,目前大部分基于散列的系统都是独立的,可以保持存储数据所需的内存量与磁盘空间量的平衡,这样,散列表就永远不会变得太大。

第二种方法是基于内容识别的重复数据删除,这种方法主要是识别记录的数据格式。它采用内嵌在备份数据中的文件系统的元数据识别文件,然后与其数据存储库中的其他版本进行逐字节地比较,找到该版本与第一个已存储的版本的不同之处,并为这些不同的数据创建一个增量文件。这种方法可以避免散列冲突,但是需要使用支持的备份应用设备以便设备可以提取元数据。

第三种方法是 Diligent Technologies 用于其 ProtecTier VTL 的技术,它像基于散列的产品那样将数据分成块,并且采用自有的算法决定给定的数据块是否与其他的相似。然后与相似块中的数据进行逐字节的比较,以判断该数据块是否已经被备份。

在存储系统中,执行重复数据删除时,首先把文件分割成一个个数据块,通过散列算法对每个数据块进行指纹计算,然后以计算后的指纹为关键字进行查找。如果找到,则说明这是一个重复的数据块,只需要存储其数据块索引号即可,否则说明这是一个新的唯一块,需要在存储设备上保存该数据块,并记录其元数据信息。通过这种指纹计算,一个文件在磁盘上就和一个逻辑表示(由一组指纹(FP)

组成的元数据)对应。当进行读取文件时,先读取逻辑文件,然后根据 FP 序列,从存储系统中取出相应的数据块,还原物理文件副本。从如上过程中可以看出,存储系统的重复数据删除的关键技术主要包括三个方面的内容:如何对文件数据块进行切分、对数据块的指纹计算算法及如何对数据块在数据集中进行查找。

重复数据删除按照消重的粒度不同可分为文件级的和数据块级的。文件级的重复数据删除技术也称单实例存储(single instance store),每次进行文件存储时,根据索引查看要备份文件的属性信息,与系统中已有的文件进行比较。如果已有这个文件,只需要存入指针,指向系统中已存在的文件即可。如果没有这个文件,说明这是一个新的需要存储的文件,则将其存储到系统中,并建立相应的索引信息。数据块级的重复数据删除一般在子文件的级别上进行,其消重粒度更小,可以达到 4~24 KB。文件通常被划分为几个条带或块,并将其与之前存储的信息进行比较,检查是否存在冗余。大多数情况下,数据块级的重复数据删除的数据消重率更高,因此目前主流的重复数据删除产品都是数据块级的。如数据块级的重复数据删除技术的压缩比可以达到 20∶1 甚至 50∶1,而文件级的重复数据删除的压缩比一般小于 5∶1。

数据分块的算法主要有三种,即定长切分(fixed-size partition)、CDC 切分(content-defined chunking)和滑动块(sliding block)切分。

定长切分算法采用预先义好的块大小对文件进行切分,并进行弱校验和 md5 强校验。采用弱校验值主要是为了提升差异编码的性能,先计算弱校验值并进行散列查找,如果发现,则计算 md5 强校验值,并做进一步散列查找。由于弱校验值的计算量要比 md5 强校验值的计算量小很多,因此这种方法可以有效提高编码性能。定长切分算法的优点是简单、性能高,但它对数据插入和删除非常敏感,处理十分低效,不能根据内容变化做调整和优化。

CDC 切分算法是一种变长切分算法,它应用数据指纹(如 Rabin 指纹)将文件分割成长度、大小不等的分块。与定长切分算法不同,它是基于文件内容进行数据块切分的,因此数据块的大小是可变化的。算法执行过程中,使用一个固定大小(如 48 个字节)的滑动窗口对文件数据计算数据指纹。如果指纹满足某个条件,如当它的值模特定的整数等于预先设定的数时,则把窗口位置作为块的边界。CDC 切分算法可能会出现病态现象,即指纹条件不能满足、块边界不能确定、导致数据块过大。实现时,可以对数据块的大小进行限定,设定上下限,解决这种问题。CDC 切分算法对文件内容变化不敏感,插入或删除数据只会影响到极少的数据块,其余数据块不受影响。CDC 切分算法也是有缺陷的:数据块大小的确定比较困难,若粒度太细,则开销太大,粒度过粗,则数据重复删除效果不佳。如何在两者之间权衡折中,这是一个难点。

而滑动块切分算法则结合了定长切分算法和 CDC 切分算法的优点,块大小固定。它对定长数据块先计算弱校验值,如果匹配,则再计算 md5 强校验值。若两者都匹配,则认为这是一个数据块边界。该数据块前面的数据碎片也是一个数据块,它是不定长的。如果滑动窗口移过一个块大小的距离仍无法匹配,则也认定为这是一个数据块边界。滑动块切分算法对插入和删除问题处理非常高效,并且能够检测到比 CDC 切分算法能够检测到的更多的冗余数据。它的不足是容易产生数据碎片。

对数据块的指纹计算用来确定这是一个已有的重复数据块还是一个新的唯一块。根据数据指纹来进行判定,理想情况下,每个数据块与一个数据指纹唯一对应。数据指纹一般通过对数据块内容进行相关数学计算而得到,目前用得比较多的指纹计算方法有 md5、SHA-1、SHA-256、SHA-512、RabinHash 等。

在大规模存储系统中,数据块的数量往往非常庞大,尤其是在数据块粒度较小的情况下。

在庞大的数据指纹库中查找所需信息需要花费大量的计算时间,查找算法的性能会成为瓶颈。在各种信息检索方法中,散列查找以其 $O(1)$ 的查找性能而著称,因此经常被用在对查找性能要求较高的应用中,重复数据删除技术也采用这种算法来进行信息的查找。

由于高成本及可靠性问题,闪存的应用一直非常受限。但随着技术进步,制造成本已大幅下降,可靠性和使用寿命也都得到了很大提高。Flash Saver 的设计灵感来自于普遍存在的工作负载内容的局部性和对文件系统操作的统计。

一方面,不同级别的内容局部性(content locality,CL)已被用来改善和优化存储堆栈。CL 有两种意义,一种是指有大量的重复数据块在缓存[76,94]、文件层[73]和块层[75],另一种是指大量的相同块地址的写请求只能承受小部分(5%～20%)的位差异[77,95],这种现象已被用来通过增量编码技术[95]提高存储效率。

另一方面,在现代文件系统和大规模存储系统中,元数据搜索[82]和元数据操作占到了总操作的很大一部分。此外,元数据块与数据块的修改模式不同表现在两个重要方面。一是文件系统的元数据块位置通常是固定不变的[71],例如,一旦格式化,EXT2/3 文件系统的超级块、i 节点表和位图块的位置是固定的,因此,所有元数据块的更新都是覆盖更新。与此相反,数据块的修改则可能是转移更新,例如,插入操作将导致相邻块与它们以前的内容是完全不同的。因此,可以假设所观察到的大部分少量修改的数据块主要来自元数据块。二是每次更新即使仅有相当小的变化,也将导致元数据块成为新的唯一块。因此,如果能够在进行散列计算前提前过滤掉那些肯定是新的块,将它们的微量变化通过增量编码压缩存储,则可避免不必要的散列运算操作,节省闪存空间。

为实现 Flash Saver 并将其集成到现有的 EXT2/3 文件系统中,必须解决如下几个问题。第一,能够迅速识别语义元数据块以便快速确定该块是应该采取散列运算来确定其唯一性,还是应该被增量编码。第二,应快速有效地确定和合并重复数据块。第三,为适应频繁的元数据操作,相对于相同元数据块的小补丁(增量)应被有效地组织起来。在下一节中,将详细阐述 Flash Saver 的设计细节及相应的解决上述问题的技术方法。

5.3 设 计 方 法

本节将给出 Flash Saver 的设计方法及细节。首先提取 EXT2/3 文件系统的语义数据块,构建元数据块集。对每一个写请求,在元数据块地址集中搜索其目的地址,从而确定这个请求是元数据块写还是普通数据块写。如果是元数据块写,则计算它的增量变化,并链接到相应的列表。如果是普通数据块写,则计算块的 SHA-1 散列值作为指纹,然后检查它是否已经存在。

图 5.1 给出了 Flash Saver 的设计框架。如图 5.1 所示,Flash Saver 包含三个主要部分,即语义 Grubber、增量编码和散列引擎。语义 Grubber 负责从底层固态盘提取语义信息构造元数据块集,增量编码管理元数据块增量,散列引擎进行指纹计算和维护两个散列表。通过在 EXT2/3 文件系统的代码中添加、修改 1000 余行代码来实现 Flash Saver。下面将详细讨论这三个组成部分。

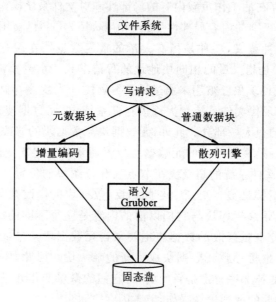

图 5.1 Flash Saver 的设计框架

5.3.1　如何识别语义元数据块

语义 Grubber 主要是基于语义智能磁盘系统（semantically-smart disk system，SDS）[91] 的工作，用离线分析方法来提取元数据块。对于某些类型的文件系统，可以很容易地找出它的大部分元数据块。例如，EXT2/3 中[71] 有六种类型的元数据块，分别是超级块、组描述符块、i 节点表块、间接块、数据位图块和 i 节点位图块。大部分的元数据块通过执行简单的计算可以很容易地推断出。提取元数据块后，构造一个按升序排列存储所有元数据块地址的数组。每个数组元素包括块地址、记录元数据块最近更新次数的计数器、将所有发生在该块的增量连接在一起的头结构和一些其他的辅助信息。

但是，语义 Grubber 并不能获得所有文件系统的元数据块，例如，间接块是动态分配的，并难以以静态离线方法跟踪。但这并不会对 Flash Saver 有太大影响，原因在于：第一，只有相对较大的文件才使用间接块，但小文件在文件总数中占绝大多数[68,81]；第二，遗漏的元数据块会当作数据块进行散列计算，并进行重复数据删除处理。

5.3.2　消除重复数据块

在 Flash Saver 中，与重复数据删除系统一样，在每个数据块用散列引擎中的 SHA-1 算法进行指纹登记来测试其唯一性[75,79,89]。此外，散列引擎维护两个散列表，第一个散列表将数据块地址映射到第二个散列表的索引项，第二个散列表将指纹映射到块内容在固态盘上的物理地址。处理写请求时，首先计算其 SHA-1 指纹并在第二个散列表中查找此指纹。如果找到，说明这是一个重复的写操作，found 条目的计数器加 1，以前的条目计数器减 1。然后，第一个散列表中的相应条目被更新为第二个散列表的新指纹索引，否则新的块内容被写入固态盘，一个新的条目添加到第二个散列表中。最后，第一个散列表中的相应条目被更新，以反映新的指纹索引，计数器也相应地更新。通过使用两个散列表，可以像块地址一样访问数据块的内容。

5.3.3　管理元数据块的增量变化

增量编码通过只存储相对于原始文件的增量变化部分，来减小需要存储的信息数据量。例如，在一个大约包含 100 GB 数据的文件组中，与原始文件相比可能只有 50 MB 的数据是被修改过的，采用增量编码时就只需要存放修改部分的 50 MB数据，与完全备份方式相比，可以大为减少所需的存储容量。而基于前面的分析，元数据块比数据块被更加频繁地访问或修改，且每次更新仅有微小变化，因此在 Flash Saver 中考虑用增量编码来记录元数据块的多次小量修改操作，以提高存储空间的利用率。

元数据块被频繁访问,它们的访问延迟对系统整体性能至关重要,因此应尽量减少 Flash Saver 所产生的开销。Flash Saver 将所有相对于同一元数据块的增量都放在主存中,链接到由语义 Grubber 构建的数组入口地址为头指针的链表中实现快速访问,并限制每个链表的长度。当所链接的增量超过预先设定的阈值时,所有增量将与参考内容合并,作为新的参考内容,同时增量所占用的存储空间被释放。为确保较高的一致性,所有元数据块定期与增量列表合并,并刷新到固态盘中。每个元数据块被操作之后,元数据块的内容首先用增量编码重新计算,然后返回给请求者,增量被插入相应的列表。由于这些设计上的选择和优化,实验结果表明,Flash Saver 没有带来过量的开销。

5.4 实 验 测 试

5.4.1 实验设置

实验在一个搭载 4 GB 内存和 60 GB NAND 固态盘的双核服务器上进行,内核版本为 Linux 2.6.23,将 Flash saver 与原来的 EXT3 和 Dedupfs EXT3 进行比较,并选择合适的基准测试程序和工作负载对文件系统和存储系统进行评价。选择了三个有代表性的基准测试程序,分别是 PostMark[78]、FileBench[65] 和 Kernel Building(KB)。创建 100 个目录和 20000 个文件,执行了 100000 次测试。FileBench 是应用程序级的工作负载生成器,通过个性定义可生成多种工作负载。用源代码中的三种服务器如文件服务器、邮件服务器和数据库服务器,在三个候选的文件系统上用四个线程编译 Linux 2.6.23。

5.4.2 性能比较

本节给出对 Flash Saver、EXT3 和 Dedupfs 的所有基准测试程序的性能指标。PostMark 报告每秒交易数,单位为交易数/s;FileBench 报告每秒运算数,单位为 op/s;KB 报告完成编译过程所花费的时间,单位为 s。图 5.2 给出了 PostMark 和 KB 的性能比较,图 5.3 给出了 FileBench 的性能。

从图 5.2 中可以看出,性能与工作负载特性相关,在 PostMark 工作负载下,Flash Saver 和 Dedupfs 的性能都比 EXT3 的差,原因在于生成的文件内容是随机的,冗余很少,计算指纹只会白白消耗 CPU 周期。但是由于 PostMark 的元数据密集型性质,Flash Saver 略优于 Dedupfs。然而,对于 KB 工作负载,由于内核代码存在冗余,故 Flash Saver 和 Dedupfs 都优于 EXT3。Flash Saver 由于采用了元数据块的增量编码,与 Dedupfs 相比,性能也有很大比例的提升。在这种情况下,所耗费的周期由消除重复块访问来补偿。对于 FileBench 工作负载(见图 5.3),Flash Saver 性能在文件服务器、邮件服务器和数据库服务器三种工作负载下一直与其他两个系统非常接近,但也有少量的性能提升。Dedupfs 略优于 EXT3,Flash Saver 又略优于 Dedupfs。

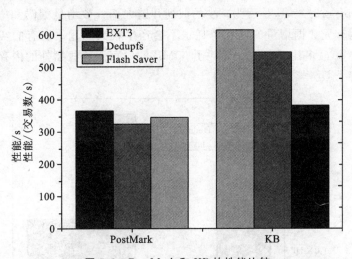

图 5.2　PostMark 和 KB 的性能比较

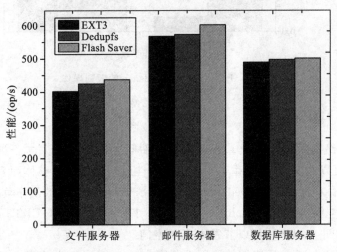

图 5.3　FileBench 的性能

5.4.3　CPU 和 RAM 利用率

在本节中,主要比较由 Flash Saver 和 Dedupfs 所消耗的 CPU 周期,来量化分析 Flash Saver 如何能够避免不必要的指纹计算。通过收集 PostMark 和 FileBench 工作负载的散列运算次数,给出在此期间运行进程的平均 CPU 利用率,如图 5.4 所示。Flash Saver 对典型工作负载(如文件)可以减少约一半的散列计算,对元数据密集型工作负载(如 PostMark)甚至可以减少一个数量级的散列计算。然而,两种工作负载的平均 CPU 利用率大致相同,分别是:Flash Saver,10%;Dedupfs,12%。这是因为减少的散列开销大部分被增量编码和增量合并操作抵消。内存元数据增量的内存消耗也不会产生很大问题。所有的实验结果表明 FlashSaver 最多比 Dedupfs 消耗了 60MB 的内存。这些额外的内存开销可以通过使用多个服务器很容易地获得。

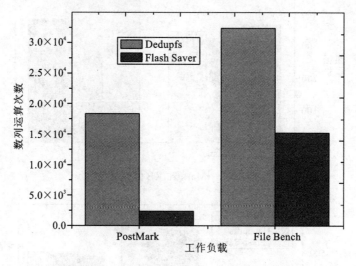

图 5.4　Postmark 和 FileBench 的散列操作

5.4.4　减少写流量

本小节给出所有工作负载在各自运行期间所消耗的最大固态盘空间,如图 5.5所示。可以看出,容量效率与工作负载的性质密切相关。整体而言,由于在内核源代码中存在大量冗余,Dedupfs 和 Flash Saver 对所测试的工作负载可以节省大量的磁盘空间,特别是 Flash Saver,对 KB 工作负载相比于 EXT3 可以节省高达 63% 的空间,Dedupfs 可以节省 46% 的空间。

Flash Saver 减少写流量的原因在于两方面:一方面,Flash Saver 与 Dedupfs 一样,都能够检测出相同的数据内容,从而避免了相同数据内容的写入。另一方面,与 Dedupfs 不同的是,Flash Saver 还实现了元数据块的增量编码,从而进一步减少了数据写入量。这也解释了为什么 Flash Saver 比 Dedupfs 减少了更多数据量。元数据块的任何微小更改都会导致数据块的散列值不同,因此只实现重复数据检测的 Dedupfs,仍然会存储每个更改后的整个元数据块。但是,Dedupfs 和 Flash Saver 对于 PostMark 和数据库基准测试相比于 EXT3 只能节省非常小的空间,原因在于 PostMark 是一个元数据密集的工作负载,几乎没有冗余,而数据库服务器是一个高度读主导(读写操作比例为 20∶1)的工作负载。

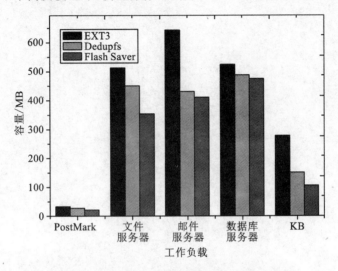

图 5.5　各基准测试程序的空间消耗

5.5　本 章 小 结

　　本章提出的 Flash Saver,通过语义数据块重复数据删除和语义元数据块的增量编码可以显著降低到固态盘的写流量。由于存在重复内容和元数据块被频繁少量修改的客观情况,与仅使用重复数据删除的版本相比,Flash Saver 既能够合并重复数据块,也能够增量编码元数据块的变化,消除不必要的散列计算,并扩大闪存空间,其主要贡献在于利用不同的访问模式区别对待了不同的语义内容块。未来还可以对 Flash Saver 做进一步的改善和优化。例如,由于受到上层缓存影响,有时元数据块的变化量可能非常大,简单的增量编码可能不是最佳的选择,这种情况下可以设置一个变化量的阈值,超过这个阈值,应在一个新的位置写入新的块来取代先前的块,而不是相对于以前的内容增量编码。

第 6 章　利用固态盘的冗余高效能云存储系统设计

随着大数据应用的日益广泛普及,越来越多的数据量在越来越短的时间窗口内被各类应用产生,这些海量数据给高性能存储系统容量带来了巨大挑战,同时,大型数据中心的能源消耗也成为一个亟待解决的问题。电费成本已经占到了存储系统总拥有成本(TCO)的重要部分,并预计在随后的几年内会以更快的步伐增加。减少存储系统能量消耗的需求已经越来越迫切。

不同于传统的机械硬盘存储设备,基于闪存的固态盘是一种半导体存储介质,由于不存在机械硬盘上的机械活动部件,如磁头和旋转臂等,不存在旋转延迟等性能和电能开销,因此大大提高了读取性能,降低了电能的消耗。例如,在笔记本电脑中,固态盘的能耗只有容量相当的传统机械硬盘的一半,甚至不到一半。另外,在企业环境的存储系统中,可以用一个固态盘代替多块传统机械硬盘,获得更进一步的节能效果。

为减少云基础架构的能源消耗,本章提出 REST(Redundancy-based Energy-efficient Cloud Storage System,REST)。它是一种利用固态盘的冗余高效能云存储系统架构,主要包括元数据服务器(MDS)、loggers 和数据块服务器三部分。REST 引入新的基于固态盘的服务器作为 loggers,来缓冲那些到暂时关闭的数据块服务器的写入/更新请求。固态盘对顺序和随机模式都有极快的读取速度,REST 将读请求以更高的优先级转移到 loggers,来为读请求提供更好的服务性能。另外,该架构设计提出的改变数据布局的策略,可以保持大部分的冗余存储节点在待机模式甚至大部分时间关闭。同时设计了一个实时工作负载监视器 instructor,该工作负载监视器可以根据工作负载的变化,控制数据块服务器的启动和关闭,系统能耗和性能之间的权衡也可以通过调整权衡指标来实现。实验结果表明,REST 在 FileBench 和实际工作负载下可分别节省高达 29% 和 33% 的系统能耗,同时对系统性能没有很大影响。

6.1 研 究 背 景

云存储是在云计算(cloud computing)的概念上延伸和衍生发展出来的一个新的概念,是指通过集群应用、网格技术或分布式文件系统等功能,将网络中大量不同类型的存储设备通过应用软件集合起来协同工作,共同对外提供数据存储和业务访问功能的一个系统。当云计算系统运算和处理的核心是大量数据的存储和管理时,云计算系统中就需要配置大量的存储设备,那么云计算系统就转变成为一个云存储系统,所以云存储系统是一个以数据存储和管理为核心的云计算系统。简单来说,云存储就是将储存资源放到云上,供人存取的一种新兴方案。使用者可以在任何时间、任何地方,透过任何可联网的装置连接到云上方便地存取数据。与传统存储系统面向高性能计算和事物处理等应用不同,云存储系统面向多种类型的网络在线存储服务,在性能方面会面临数据存储的安全性、可靠性及效率等多方面的技术挑战。云存储系统除了要提供传统文件访问外,还应能支持海量数据管理和提供公共服务支撑功能等,以便于维护云存储系统的大量后台数据。

云存储系统的结构模型包括四个层次,自下而上依次是存储层、基础管理层、应用接口层和访问层,如图 6.1 所示。

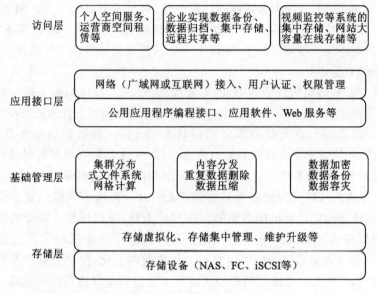

图 6.1　云存储系统架构图

1. 存储层

存储层是云存储架构中实际存储海量数据的物理设备层,存储设备可以是FC 光纤通道存储设备,可以是 NAS 和 iSCSI 等 IP 存储设备,也可以是 SCSI 或SAS 等 DAS(直接连接存储)设备。云存储采用的存储设备往往数量庞大且分布于多个不同地域,彼此之间通过广域网、互联网或者 FC 光纤通道网络连接在一起。存储设备之上是一个统一存储设备管理系统,该管理系统可以实现存储设备的逻辑虚拟化管理、多链路冗余管理,以及硬件设备的状态监控和故障维护。

2. 基础管理层

基础管理层是存储层的逻辑抽象,是云存储最核心的部分,也是云存储中最难以实现的部分。基础管理层通过集群、分布式文件系统和网格计算等技术,实现云存储中多个存储设备之间的协同工作,使多个存储设备可以对外提供同一种服务,并提供更大、更强、更好的数据访问性能。内容分发系统(content delivery network,CDN)、数据加密技术保证云存储系统中的数据不会被未授权的用户所访问,同时,通过各种数据备份、容灾技术和措施可以保证云存储系统中的数据不会丢失,确保云存储系统自身的安全和稳定。基础管理层封装了物理设备与逻辑设备的对应关系,实现云存储系统中多个存储设备之间的协同工作,为上层应用提供管理接口。

3. 应用接口层

应用接口层是云存储系统中最灵活多变的部分。不同的运营单位可以根据企业状况和不同的业务类型开发不同的应用服务接口,提供不同的应用服务,让用户能够找到适合自己需求的云存储,如视频监控应用平台、IPTV、远程数据备份应用平台等。

4. 访问层

访问层从根本上讲,提供一套用户授权、认证机制。用户可以通过标准的共用应用接口来登录云存储系统,享受云存储服务。当然,不同的开发商所提供的访问服务界面一般也不相同。

云存储系统的优势在于将所有的存储设备资源整合到一起,给用户提供逻辑上单一的存储空间。在节约整体硬件成本的同时,还具有可扩展性好、对用户透明、按需分配和负载均衡等优点,为海量数据的存储提供了有效的解决方案。云存储系统是云计算服务的重要基础,但随云存储系统规模的不断扩大及在设计时对能耗因素的忽略,其高能耗、低效率的问题日益突出。已有研究表明,云存储系统能耗占整个云计算数据中心能耗的很大比重,为 27%~40%,并有可能继续增加。因此,不管是从降低系统能耗实现绿色存储,还是从降低服务提供商运营成本的角度出发,对云存储系统中节能技术的研究都具有重要的现实意义与应用前景。

随着越来越多的互联网应用包括数据密集型应用集中到数据中心和云计算架构,如 Google 搜索引擎、基因工程、卫星影像等,数据中心所存储的数据量急剧膨胀。如此巨大的存储需求对存储系统性能和可靠性,特别是能源效率方面带来了新的挑战。同时,随着云计算和大数据时代的到来,据报道,对存储的需求正以每年 60%的速度不断上升[97]。数据中心的大量数据不仅需要巨大的硬件投资,如磁盘,以提供足够的存储容量,还需要给这些硬件设备持续供电。IT 设备在生命期内所耗费的能源成本几乎可以与硬件投资相比较,并占据了总拥有成本的相当大一部分[98]。更糟的是,能源消耗的同时也伴随着产生如对环境的影响、噪声污染、健康困扰等许多负面影响。美国国家环境保护局 EPA 的数据表明,美国生成 1 千瓦时的电力平均会释放 1.55 lb(约 0.7 kg)的二氧化碳(CO_2),并且使用这些电力也会带来更多的二氧化碳排放,所产生的热量也需要额外的电力来避免数据中心温度太高[99]。

很多研究学者已经对存储系统的能源消耗问题进行了大量研究工作[100,108],并提出了许多有效的技术和方法。一般来说,这些技术可分为两大类:基于设备的解决方案[101,104,106]和系统级的解决方案[102,103,105]。基本理念是试图实现按需能耗(power-proportionality)[108,112],即能耗与系统负载成正比。由于数据中心的设计必须考虑到峰值工作负载及工作负荷的变化,例如,昼夜的波峰和波谷,其大部分时间是相对过度置备的,使得按需能耗技术是有效的。按需能耗对某些组件可以较容易实现,如使用动态电压与频率调节(DVFS)的 CPU,而对非 CPU 组件,如磁盘,一般不是按需能耗的。因此,为了降低存储子系统的能源消耗,利用应用程序的空闲周期是一种常见的做法。

分布式存储系统如 GFS、HDFS、KFS 等,由于它们的 I/O 性能和成本优势,已被广泛用在大型数据中心和云计算架构的后端存储设施上。然而,它们的最初设计几乎没有考虑系统能耗的问题。它们运行在包含几十万台服务器的集群上,系统的零星故障或失效应被视为常态[109],因此它们必须能够容忍大量组件故障,且对服务器的性能和可用性影响很少或几乎没有。副本技术由于能够提供高可靠性、高性能和高可用性而在分布式存储系统中被普遍采用。然而,大量的冗余也带来了大量的系统开销,如存储容量需求、副本一致性、网络带宽和系统能耗等方面。如果从系统节能的角度考虑,可以考虑能否让一些轻或中度负载的冗余节点进入省电模式或完全断电。

在本章中,提出了一种基于冗余的高效节能的云存储方案——REST。REST 在提高系统能效的同时不会严重降低系统性能。主要想法是试图关闭一些轻度或中度负载的冗余节点以节省能耗,并让它们在工作负载变化时能够再次启动,防止性能降低太多。其主要贡献有三:

(1)节能高效的云存储方案能够适应工作负载的变化;

(2)采用新技术的架构可以帮助降低能源消耗;

(3)可以在性能和能耗之间灵活地进行权衡,以可能的最小成本满足用户对性能的要求。

实验结果表明,REST 可以达到设计的期望。

本章其余部分的结构如下:第 6.2 节给出 REST 的设计原理和实现细节,第 6.3 节介绍实验评价方法及结果,最后,第 6.4 节给出结论,并指出今后扩展的工作方向。

6.2 REST 设计原理和实现细节

6.2.1 系统架构

目前主流的分布式文件系统架构如图 6.2 所示,通常由三部分组成:主控服务器(或称元数据服务器(MDS)、名字服务器等)、多个数据块服务器(或称存储服务器、存储节点等),以及多个客户端。客户端可以是各种应用服务器,也可以是终端用户。

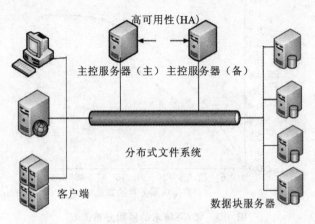

图 6.2　分布式文件系统架构图

在这些系统中存储的对象被划分为块,通常大小为 64 MB。每一个块被复制到多个数据块服务器(复制因子通常默认为 3),以防止磁盘或机器故障,并提供高性能和高可用性。元数据服务器(MDS)保存所有的元数据信息,例如,文件名到块的映射信息、块的物理位置、复制因子和访问控制信息等。定期地执行到持久存储的检查操作以在 MDS 发生故障的情况下保证可靠性和快速恢复。如果 MDS 发现一些副本不可用,则发起重新复制过程。读取和写入请求在很大程度上采用同样的处理方式。它们都让 MDS 请求和缓存必要的信息,例如,块服务器的位置,然后直接联系相应的数据块服务器来完成数据的传输。数据块服务器除了存储数据外,还需要将自己是否正常工作的状态信息以心跳包的方式周期性地发送给 MDS,在心跳包中还会包含当前的负载状况,这些信息可以帮助 MDS 更好地制定负载均衡策略。

然而,读取和写入请求之间在数据传输过程中存在很大差异。对于写操作,所有保存副本的节点应保持在启动状态,以保证在整个写过程中的数据一致性。例如,GFS[13] 使用租用机制来定义副本的写入顺序,并使用流水线技术进行数据信息传递。但对于读操作,在得到存放数据副本的数据块列表后,客户端会只联系(可以使用优化算法,如最短距离优先,以尽量减少延迟)其中之一来获取要访问的数据,如果在这个优先访问的数据块服务器中能够成功地获取到所需的数据副本,则其他的数据块服务器就不再访问。为了得到全面的关于读、写操作分布的统计,在一个配置了包含 1 个 MDS 和 60 个数据块服务器的 KFS 上运行了 dbench 4.0[107],进行了测试统计。对从 MDS 和所有数据块服务器的统计数据进行分析,读操作的数量由 MDS 记录得到,写操作的总数等于 MDS 记录的数量与复制因子的乘积。读/写请求的累积分布函数(CDF)如图 6.3 所示。

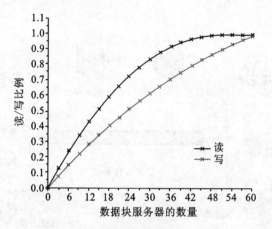

图 6.3　读/写请求的累积分布函数

　　图 6.3 中横坐标给出数据块服务器的数量变化,纵坐标给出在整个运行期间数据块服务器上所有操作的读/写比例。图中可以看出,由于不同的处理过程,读操作比写操作表现出更大的差异。例如,近83%的读操作集中在50%的数据块服务器上,而50%的数据块服务器承担了61%的总写操作。原因在于,对于读操作,由于相同的决策方式每次对相同数据块的读请求将极有可能访问到同一个存放数据副本的数据块服务器,除非该数据块服务器发生故障或系统的拓扑结构发生了变化。而对于写操作,由于采用了负载均衡的数据布局策略,写操作,尤其是新写入的数据块,更容易被均匀分布到所有数据块服务器上。因此,从这些关于读、写操作分布之间的差异来分析,可以考虑在数据块服务器中减少写操作,让它们更集中于读操作,而用读性能优异的固态盘构成专门的服务器来处理读操作,从而达到节省系统能耗的目的。

　　设计的最终目标是通过利用集群存储系统固有的冗余建立一个节能存储系统,选择分布式文件系统 KFS 为基本架构来建立原型系统。KFS 最初设计时几乎没有考虑节能,而是专注于构建一个高可靠、高可用、高性能、可扩展和容错的存储系统,其显著特点是其可靠性和可用性可以保证,甚至是在某些组件发生故障的情况下。

　　为了达到节能的目的,稍微改变原系统的结构,增加集成一些功能模块。修改后的结构如图 6.4 所示,称之为 REST(Redundancy-based Energy-efficient Cloud Storage System),在 REST 中有三个主要部分:元数据服务器(MDS)、loggers 和数据块服务器(chunkservers)。MDS 和以前的架构相似,但增加了一个功能模块 instructor(未示出在图中,稍后讨论),loggers 由基于固态盘的高性能

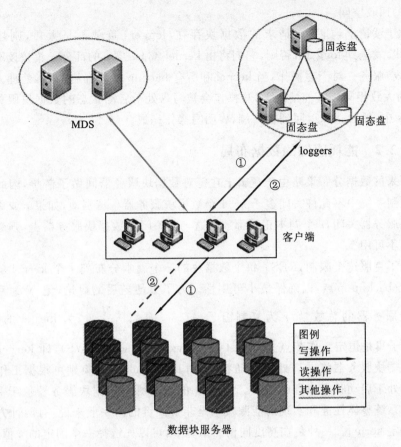

图 6.4　REST 的结构

服务器实现。

REST 架构的不同点体现在以下几个方面：后端数据块服务器划分成若干子集，增加了 loggers 和一个 instructor，instructor 用来决定何时以及有多少块数据服务器断电和通电。如图 6.4 所示，将整个数据块服务器空间分割成几个子集（子集数量通常等于复制因子），假设复制因子是 3，其中最重要的部分叫作 kernel 子集，其他为 backup 子集。理想情况下，只有 kernel 子集将保持启动，而 backup 子集在轻度和中度的工作负载下要保持关闭。由 instructor 来确定 backup 子集何时启动和关闭，该命令包含在数据块服务器的周期性心跳确认信息中。

loggers 执行如下三个主要功能：

（1）写操作发生时，提供存储空间作为缓冲区临时存放要写到断电数据块服务器的数据；

（2）当断电数据块服务器启动时再负责将其转发给相应的数据块服务器；

（3）回收空间。

对于读请求，如果所请求的数据块存在，loggers 负载不是太重，则按步骤①（实线）发送到 loggers，否则，它们将由 kernel 或 backup 的部分子集按读取步骤②（虚线）服务。对于写操作，当 kernel 和所有 backup 子集都启动时，处理方式与 KFS 的大致相同。其他情况下，写操作会被写入处于启动状态的数据块服务器和 loggers 中，然后立即返回到客户端，表明写操作完成。

6.2.2　能耗感知的数据布局

原来的数据分布策略由于逻辑上在每对数据块服务器间做了链接，因此在 r-way 复制系统中不允许关闭多于 $r-1$ 个数据块服务器。特别地，如果 r 或更多的数据块服务器关闭，r 个副本正巧都放在这 r 个关闭的数据块服务器上，则数据块将变得不可用。

为了克服这个限制，REST 每个数据块的 r 个副本分布到 1 个 kernel 节点和 $r-1$ 个 backup 节点，以确保最小可用性。为了方便随后的讨论，记 N 为系统中数据块服务器的总数量，r 为复制因子，$k(1 \leqslant k \leqslant \lfloor \frac{N}{r} \rfloor)$ 为 kernel 的大小。kernel 子集是恒定工作节点集（constant-on working set，COWS），即 kernel 子集中的数据块服务器将一直处于启动状态，而其他 backup 子集则可根据工作负载的情况处于启动状态或省电模式。显然，k 的值和哪些数据块服务器位于 kernel 子集对系统整体性能和实现的能源效率是非常关键的。一般来说，有两种方法可用来确定 kernel。一种是在高度同构的系统下，可以先选择一个固定的 k 值（$1 \leqslant k \leqslant \lfloor \frac{N}{r} \rfloor$），然后将剩下的数据块服务器平均分配到 $r-1$ 个 backup 子集中。另一种是在异构环境中，可以选择那些性能较高的数据块服务器作为 kernel 子集。此外，属于同一个子集的数据块服务器一般具有相似的容错性能，因为它们是高度逻辑相关的，其中的任何一个发生故障将导致驻留在它之上的数据块不可用。而且，这样做也会带来利用的网络带宽较少，有利于节能。

6.2.3　instructor

在现实中，由于工作负载是变化的，因此保持断电数据块服务器的数量不变是不实际的。在 REST 中，由 instructor 定期根据工作负载的变化决定多少数据块服务器需要被启动或关闭。形式上，决策过程可以表示为

$$T_n = f(\lambda P, \beta R, \mu F, \eta C) \tag{6.1}$$

$$\lambda + \beta + \mu + \eta = 1 \tag{6.2}$$

式中：T_n 是决策的结果，它表示被启动或关闭的数据块服务器的集合。P 是系统

的能效,定义为性能和能耗的比值,这两者都由 *instructor* 监测。R 是所需的性能等级,通常为需满足的最低要求。F 表示 instructor 对即将到来工作负载特性的猜测。如果预测到即将到来的写请求是非常大的,或写操作将持续很长一段时间,则会生成一个较大的 F 值,表示希望让更多的数据块服务器启动,想法是希望将大量写操作直接写到数据块服务器,而对小量写则尽可能写入 loggers。如果预测到读密集请求,它会积极启动待机的数据块服务器,以避免读取性能下降太多。在其他情况下,所生成的 F 值相对较小,表示没有必要额外启动数据块服务器。C 表示 kernel 子集的健康状况。由于 kernel 预计会一直启动,并且它的意外故障代价很高,因此 kernel 的健康状态 C 应该被不断监测并报告给 instructor,使其能够采取必要的预防措施,如更换坏掉的磁盘。其他四个参数 λ、β、μ 和 η,分别表示 P、R、F 和 C 的系数。它们的值是可变的,并反映其相应参数在决策过程中的相对加权重要性。因此,可以通过调整系数来进行这些参数间的权衡。

简单地说,instructor 每次进行决策时都会查询一张映射表。表中的每个条目包含一组四个值——λP、βR、μF 和 ηC,由此可得到 T_n。做决策时,instructor 首先在映射表中查找,看近似匹配的条目是否已经存在,如果存在的话,立即返回该条目,否则返回一个与最类似条目的增量值。每次决策后,instructor 也会监测系统性能并评估刚刚作出的决策的有效性。如果是有效的,那么这个决策记录将被保存到映射表,以备将来参考。那些包含在上一个决策周期内访问频率最高数据的数据块服务器会被选中启动。理想情况下,决策结果 T_n 总是被乐观地预计为零,这意味着 kernel 子集可以很好地服务系统。如果 instructor 发现 T_n 的值出现大幅波动,它会建议动态重新配置 kernel 子集。

除了上述启动和关闭机制,还有一些其他的情况,REST 中的数据块服务器也应该进行切换。在目前的原型实现中,loggers 和数据块服务器的状态通过心跳消息定期报告给 MDS。当 MDS 注意到 loggers 的整体空间利用率已达到规定的阈值(如 80%)或者 kernel 中的一些节点变为永久不可用时,它会立即执行切换。

6.2.4　loggers

与其他节能技术,如 eRAID、DIV 和 write-offloading 使用专门的预留空间不同,在 REST 中使用配备固态驱动器的专用服务器记录那些暂时关闭的数据块服务器的数据。引入新的基于固态盘的服务器作为 loggers 来缓冲写入/更新请求,原因如下:首先,为获得高可用性和可靠性,原有系统的复制因子通常设置为不低于 3,只把数据块的一个副本写入 kernel 会严重影响系统的可用性和容错能力。loggers 在本质上是一个对断电数据块服务器的代理,将数据写入 kernel 和 loggers 可以保证一个数据块将有至少两个副本可靠地存储在系统中。其次,使用独立的服务器,可以提供不同的容错性能。再次,固态盘因其具有如高可靠性、低功耗、抗振动等显著优点,能很好地满足我们的要求。最后,固态盘闪存驱动器对顺序和随机模式都有极快的读取速度。基于固态盘的这些优点,可以通过将读请求以更高的优先级转移到 loggers 来为读请求提供更好的服务性能。

为了最大限度地利用固态盘,避免其难以忍受的慢速写的缺点,采用日志结构的存储引擎来存储日志信息。对每个记录的数据块,有一个相应的日志条目给出日志块的细节。每个条目由一个日志主体和一个日志头组成。日志头给出描述信息,包括块 ID、版本号、目标块服务器、日志系数和块校验和。日志主体包含数据块写入/更新的内容。由于 loggers 的高读取性能,因此读请求最好能转移到 loggers 进行服务。每个 loggers 周期性地发起传播和回收程序,以防止存储空间被耗尽。回收过程检查日志条目,并收回日志因子为零的条目。

显然,loggers 的数量及 loggers 的总存储容量对系统性能和能源效率非常关键。为更好地节能,数据块服务器的数量越多,也将需要更多的 loggers 和更大的存储容量。另外需要注意的是,虽然 loggers 使用固态盘更节能,但这还不是 REST 节能的最根本原因,其获得能源效率是通过关闭冗余数据块服务器电源来达到的。

6.2.5 能耗模型

为了比较和验证 REST 的能源效率,本小节给出原系统(NO-REST)和 REST 的能耗模型。

表 6.1 能耗模型参数

符号	说　　明
N_c	数据块服务器的总数
N_l	loggers 的数量
T_i^k	第 i 个数据块服务器的第 k 个活跃间隔的长度
A_i	第 i 个数据块服务器的活跃间隔数
P_i^k	第 i 个数据块服务器 t 时刻在第 k 个时间间隔的能量,$0 < t \leqslant T_i^k$
E_i^u	第 i 个数据块服务器启动的能源消耗
E_i^d	第 i 个数据块服务器关闭的能源消耗
C_i^u	第 i 个数据块服务器启动次数的总数
C_i^d	第 i 个数据块服务器关闭次数的总数
P_j	第 j 个 loggers 的工作电能
T_j	第 j 个 loggers 的活跃时间

表 6.1 总结了模型参数,没有列出与 MDS 能耗相关的参数,把 MDS 的能量消耗表示为 E_m。因为两个系统中的 MDS 是相同的,所以其能耗也大致相等,并且在两个系统中 MDS 都一直处于工作状态。NO-REST 所消耗的能量可以表示为式(6.3)。

$$E_b = E_m + \sum_{i=1}^{N_c} \sum_{k=1}^{A_i} \left(\int_0^{T_i^k} P_i^k \, dt \right) \tag{6.3}$$

由于 NO-REST 没有数据块服务器的启动和关闭操作,因此可以认为其所有数据块服务器的活跃间隔数相同且等于 1。因此,式(6.3)可转换为式(6.4)。

$$E_b' = E_m + \sum_{i=1}^{N_c} \left(\int_0^{T_i^1} P_i^1 \, dt \right) \tag{6.4}$$

与之相比,REST 由于有数据块服务器的启动和关闭操作,具有更复杂的能耗模型:

$$E_R = E_m + \sum_{j=1}^{N_i} (T_j \times P_j) + \sum_{i=1}^{N_c} (E_i^u \times C_i^u)$$
$$+ \sum_{i=1}^{N_c} (E_i^d \times C_i^d) + \sum_{i=1}^{N_c} \sum_{k=1}^{A_i} \left(\int_0^{T_i^k} P_i^k \, dt \right) \tag{6.5}$$

这表明 REST 消耗的总能量是 MDS、loggers 和数据块服务器所消耗能量的总和。数据块服务器的能耗被分成工作能耗、转换能量和待机/关闭能耗(被推定为是零)。工作能耗是所有数据块服务器在各自活动的时间间隔内所消耗能量的总和,转换能量是由于启动和关闭操作产生开销的总和。

6.3　系统评估

本节用相同的基准测试程序评估了 NO-REST 和 REST 的性能影响和能源效率。

6.3.1　实验设置

实验测试平台包括一个 MDS 和一些由 4 台服务器和 32 个商用电脑组成的数据块服务器。MDS 的硬件配置是一个四核 2 GHz 的 CPU、16 GB RAM 和 16 个 1 TB 的硬盘。4 台服务器中有 1 台服务器配置是四核 2 GHz 的 CPU、4 GB RAM 和 128 GB 金士顿固态盘,用来模拟两个 loggers 的工作。其他服务器配置为四核 2 GHz 的 CPU、4 GB RAM 和 1 TB RAID5 结构的硬盘。

用 FileBench 分别对 NO-REST 和 REST 进行测试评估。FileBench 是一个应用程序级的工作负载生成器,使用户能够模拟各种工作负载。其工作负载建模语言(WML)使用户能够灵活地定义各种不同特点的负载工作量。用 Web 服务器、文件服务器、邮件服务器和数据库服务器四种工作负载来进行测试,为公平起见,为 NO-REST 和 REST 都模拟了 76 个数据块服务器,在四种工作负载下各运行 1 个小时。当然,NO-REST 中没有 loggers。在 REST 中,kernel 包含在同一服务器上的模拟的 12 个数据块服务器,而其他 12 个数据块服务器分布在另外的服务器上。每次运行时,初始化将所有的数据块服务器启动并运行 3 个小时。

6.3.2 数据块服务器状态转移

从 REST 的能耗模型可以看出其能源效率主要来自于定期地关闭冗余的数据块服务器。这个状态转移工作由 instructor 决定,并能够反映 instructor 决策的有效性。定义权衡指标 T,$T = \lambda/\beta$,它反映了能量效率的优先度,T 值越大,想获得的能源效率越高。保持其他两个参数 η 和 μ 为常数,用不同的 T 值。表 6.2 给出了状态转移次数的统计。

表 6.2 数据块服务器状态转移次数的统计

工 作 负 载	$T=0.5$	$T=1$	$T=1.5$	$T=2$
Web 服务器	126	113	110	95
文件服务器	243	220	201	198
邮件服务器	189	165	146	134
数据库服务器	74	87	102	121

从表中可以看出,对 Wcb 服务器、文件服务器和邮件服务器,转换次数随 T 的增加而减少。T 值较大,表示实现更好的能源效率,意味着 instructor 应更少地启动待机数据块服务器。而对数据库服务器工作负载则不同,转换次数随着 T 的增加也增加。正如在下一小节中讨论的,数据库服务器工作负载自身的特点会阻止数据块服务器的状态变化。状态转移次数是由工作负载的特征决定的,与系统能耗和性能密切相关,在接下来会对其原因进行分析。

6.3.3 节省功耗和性能影响

本小节用 FileBench 对不同的工作负载进行比较测试其能耗节省和性能指标。FileBench 以每秒运算数 op/s 为单位给出不同工作负载下的性能。由于邮件服务器工作负载的特点,它比其他工作负载表现出高得多的每秒运算数,以 op/s 为单位[119]给出其测试结果,如图 6.5 所示。

结果表明,REST 对 Web 服务器、邮件服务器、数据库服务器三种负载性能分别优于 NO-REST 9.7%、8.17% 和 7%,分别节约能耗 25%、21% 和 18%。数据库服务器负载稍微落后 NO-REST 的比例为 5.7%,节能 14%(该数据的实验中 $T=1$)。在 REST 中,写请求被缩短为仅写入 kernel 和 loggers,而在 NO-REST 中

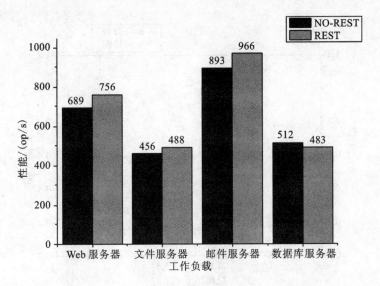

图 6.5　性能比较

它们要被 r 个数据块服务器处理。对读请求,由于使用固态盘可提供出色的读取性能,优先考虑由 loggers 服务。由于采用日志结构存储,写操作也可以快速返回,从而提高性能。性能提升的总量与工作负载特征尤其是读/写比率相关,可以发现它们与能耗节省有相同的趋势。例如,Web 服务器工作负载由于具有最高的读/写比率和顺序读模式,节省能耗 25% 的同时性能提高 9.7%。通过分析负载,可以知道 Web 服务器、文件服务器、邮件服务器和数据库服务器这四种工作负载的读/写比率分别是 10∶1、1∶2、1∶1 和 20∶1,具有较高的读取比例的工作负载可以节约更多能耗。然而,有一个例外:数据库服务器工作负载具有最高的读/写比率,但表现出性能下降。这是因为广泛写操作会很快导致 loggers 的空间利用率达到阈值,数据块服务器会被更加频繁地启动。

为了研究 instructor 如何灵活地确定性能和节约能源,在 REST 上运行邮件服务器工作负载,以观察它们在不同 T 值下的关系。图 6.6 显示了结果。从图中可以看到,能耗节省和性能用不同的 T 值进行权衡。例如,可在 83% 的性能水平节省 29% 的能耗,或者,可以享受 112% 的性能水平,只有 10% 的节能。这表明,这两个指标可以通过调整 REST 中不同的 T 值方便、灵活地进行权衡。

6.3.4　实际工作负载实验

本小节通过用实际的实验室工作负载来进行测试,也获得了类似的能源效率和性能结果。由于工作负载的大幅度的变化,REST 可以在维持性能水平的同时,

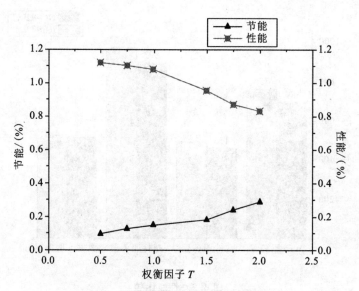

图 6.6　不同 T 值下的性能、节能对比

节省高达 33% 的能源消耗。除此之外，对工作数据块服务器的数量在 48 小时内每 2 小时进行采样，结果如图 6.7 所示。

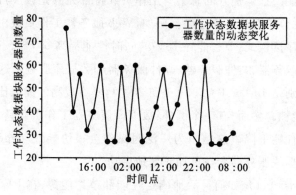

图 6.7　工作数据块服务器的数量变化

图中可以看出，工作负载呈现出周期性，REST 也按按需能耗的方式响应。通过连续 2 天的连续观察可以看到，在 12：00、18：00，处于工作状态的数据块服务器的数量比其他时间要多。原因在于实验室的成员在离开实验室之前通常会将他们的工作保存在服务器上，导致了工作负载的高峰。而每天 24：00 的峰值则是由于一些中小型企业使用 B-cloud 进行日常备份，24：00 是通常做备份的时间。实际实验室工作负载实验表明，REST 有其实用性，它可以通过利用存储系统中的冗余和实际工作负载特性节约能源。

6.4　本 章 小 结

　　本章提出了 REST,一种利用固态盘的冗余高效能云存储系统。基于对读请求和写请求之间访问差异的观察,在 REST 中通过改变数据布局策略和关闭冗余数据块服务器来实现节能。实验结果表明,REST 可以在获得更好性能水平的同时达到合理数量的能源节约。

第 7 章　基于固态盘缓存的混合式存储系统

　　固态盘虽然在性能、能耗、可靠性等方面优于传统的机械硬盘,然而它除了具有成本高的缺点外,其有限容量和寿命等缺点也是影响它广泛被采用的主要障碍。而机械硬盘虽然其机械寻道操作导致其性能,特别是随机访问性能,受到严重限制,但其低成本、高容量、无限长寿命等优点仍然将保证其在现代存储系统中的重要作用。基于这两类存储设备互补的优缺点考虑,构建由固态盘和机械硬盘组成的混合式存储系统将是近期乃至未来一段时期内利用固态盘的主要形式。本文将讨论一种在块层实现的固态盘和机械硬盘组成的混合式存储系统HSStore。HSStore 基于 Linux 的 device-mapper 框架将固态盘和机械硬盘抽象成一个统一的逻辑设备。固态盘在内部以缓存层的形式存在,并将合适的数据存储在固态盘缓存层中,这样既能提高系统整体性能,同时又能避免固态盘的过快磨损。这类混合式存储系统的目标是以机械硬盘的成本获得固态盘级的性能,在性能和成本之间找到一个最优的平衡点。

　　本章的组织结构如下。首先,在第 7.1 节给出混合式存储系统的提出背景和研究动机。其次,在第 7.2 节中介绍 Linux 操作系统内核中设备映射层的相关知识。混合式存储系统 HSStore 是在 device-mapper 框架基础上实现的。第 7.3 节详细讨论 HSStore 系统的设计和实现细节,并在 7.4 节使用测试程序对 HSStore系统进行性能评估。最后,第 7.5 节对本章进行小结。

7.1　提出背景和研究动机

　　大数据(big data)和云存储时代的到来对现代存储系统的存储容量、访问性能、能源消耗等方面提出了更加严格的挑战。一方面,数据量的极速增长需要扩展相应的存储容量来存储新增数据;另一方面,数据存储系统规模变大,存储结构变得更加复杂,导致快速获得用户所请求的数据更加困难,甚至有时让用户难以接受。与此同时,存储系统所消耗的能源也会随之急剧增加。更严重的是,大规模数据中心因制冷而消耗的能源甚至比数据中心内部所有设备消耗的总有效能量还要多。

　　尽管机械硬盘的存储容量在过去几十年得到了巨大提高,但是其提高的速度很小,远远小于处理器计算速度的增长。这在客观上反而加剧了处理器与外存储系统之间的性能差异。已有研究表明,由于温度和能耗的影响,磁盘的转速(RPM)很难再提升[118],将导致机械硬盘的性能很难再进一步提高。为了提高机械硬盘的服务性能,过去通常的做法是采用冗余磁盘阵列技术[56],利用多个机械硬盘之间的并行性来构建高性能存储系统。由于机械硬盘本身是一个机械装置,每执行一次操作都将需要很大的能耗,采用并行 RAID 技术后,将导致一个数据请求服务操作需要访问多个磁盘(如写 RAID1 和 RAID5),加剧了能源消耗。因此从性能和能耗的角度来看,纯粹基于机械硬盘构成的存储系统将不能满足大规模存储系统的需求。

固态盘技术的日益成熟在一定程度上为解决计算机系统中的 I/O 瓶颈问题提供了潜在的解决方案。固态盘在性能,尤其随机访问性能、能耗等方面都要远远优于机械硬盘。其数据访问所需要的操作时间往往只有几十微秒(μs),比机械硬盘的毫秒(ms)级访问时间要快 1~2 个数量级。而且由于固态盘内部没有机械操作部件,完全由半导体器件组成,因此其能耗也远远小于机械硬盘的能耗。固态盘已经被用来构建一些高性能计算环境下的存储系统[28,29]。然而固态盘也有其使用上的缺陷和限制。它的随机写性能,尤其是随机小写性能,在某些情况下甚至比机械硬盘的性能还要差。它的总体性能会随着使用时间而不断地下降[6],而且只具有有限的擦写次数、寿命,价格也比机械硬盘的高出许多。因此从容量、长期可靠性、成本等方面考虑,完全基于固态盘构建大规模存储系统在目前的技术条件下将不能获得最优的性价比。

表 7.1 列出了目前三种主要使用的存储设备类型在性能、容量、成本和寿命方面的比较。其中,DRAM 性能是最好的,它可以在纳秒(ns)级完成数据访问,而机械硬盘的性能是最差的,每次访问操作需要耗时 0.5~5 ms,固态盘的性能介于它们两者之间。存储容量方面,DRAM 的存储容量最小,机械硬盘的容量最大达到单盘 TB 级。而成本和寿命方面,固态盘也弱于 DRAM 和机械硬盘。固态盘只具有有限的寿命,而其他两种介质都具有几乎无限长的寿命,固态盘的长期可靠性要低于机械硬盘的。

表 7.1 DRAM、固态盘和机械硬盘性能、存储容量、成本与寿命

介质类型	性　　能		存储容量	成本	寿命
	读操作	写操作	8~16 GB	15(美元/GB)	∞
DRAM	50 ns	50 ns	60~300 GB	3(美元/GB)	10^4
固态盘	40~100 μs	60~200 μs	TB 级	0.3(美元/GB)	∞
机械硬盘	500~5000 μs	500~5000 μs			

综合以上因素考虑,目前比较可行的方案是构建由固态盘和机械硬盘组成的混合式存储系统,以利用它们之间在性能、存储容量、寿命、成本等方面的优势构建高性能、大容量、低成本的大规模存储系统。这类混合式存储系统通过定义合适的策略,充分利用固态盘和机械硬盘相互之间优势互补,同时避免各自的缺点。比如,由于随机小写对固态盘的性能和寿命都是有害的,因此可以将随机小写请求先发送到机械硬盘上缓存,最后再以集中的方式将数据迁移到固态盘,这样既避免了固态盘上的随机小写,也利用了固态盘优越的读性能为系统提供服务。利

用固态盘和机械硬盘之间的性能差异,将对系统性能影响最大的数据内容存储在快速的固态盘上,而将其他很少被访问,对系统性能影响小的数据内容存储在慢速的机械硬盘上,从而以小容量的固态盘成本获得系统性能的提升。

在本章中提出一种新的基于固态盘缓存的混合式存储系统 HSStore。在 HSStore 中,固态盘是以缓存层的形式工作在机械硬盘之上的,它利用固态盘的高性能来提高系统的整体性能,同时避免向缓存层发送有害的小写请求,防止缓存层过快磨损而影响性能和寿命。缓存长期以来就被人们认为是一种提高系统性能行之有效的方法,它能够很好地在两个性能差别很大的子系统之间进行性能匹配,以较小成本获得系统总体性能的提升。例如,在操作系统中存在着大量 DRAM 缓存,用来匹配处理器与外存储系统之间的性能差异。用作缓存的介质在性能方面往往介于缓存结构中相邻两层的介质之间。缓存的最主要思想是尽可能地将需要被访问的数据放在缓存层,从而避免从低速的被缓存子系统(如硬盘)上访问获得数据。缓存系统的总体性能与所采用的缓存替换算法、缓存大小及应用的访问特征相关。缓存命中率越大,则性能越好。目前已经提出了多种有效的缓存替换算法,包括先进先出(FIFO)算法、最近最少使用(LRU)算法、最不经常使用(LFU)算法、自主适应替换(ARC)算法。

固态盘用作外存储系统中的缓存层与 DRAM 用作缓存主要具有以下两点不同。

(1)DRAM 是易失性的存储介质,在系统发生故障或者系统掉电时,所有缓存的信息都将丢失,而固态盘是非易失性存储介质,即使发生系统掉电危险,信息仍然保留在缓存中。

(2)DRAM 的读/写访问速度具有对称性,且读/写 DRAM 不会对 DRAM 自身产生任何副作用,而固态盘的读/写访问性能具有严重的不对称性,而且其具有寿命限制,所以应该设法增加固态盘上的读请求并尽量避免写请求。

HSStore 不同于其他固态盘和机械硬盘构成的混合式存储系统。其他混合式存储系统往往以命中率为唯一目标,而 HSStore 不仅考虑提高系统总体性能,同时还考虑固态盘的有效缓存容量和使用寿命。它使用双阈值法将连续的大写请求和小写请求从缓存层过滤掉。将大写请求直接写到磁盘上以利用磁盘的高顺序访问性能,而将小写请求暂时缓存在一块专门的日志内存中以减少磁盘的随机寻道操作。通过这种方式,HSStore 不仅使得系统整体性能获得了很大提升,而且还将延长固态盘作为缓存的使用寿命。

7.2　Linux 操作系统 device-mapper 简介

HSStore 系统是在 Linux 操作系统中设备映射层(device-mapper,DM)框架

基础上实现的。本节将主要基于 Linux 2.6.32 内核内容讨论设备映射层的实现机制。device-mapper 是从 Linux 2.6 内核开始提供的一种块层中间件,通过它可以在请求到达目标物理设备之前对其 I/O 进行各种操作,如克隆、过滤、重定向、转发等。device-mapper 的主要功能是将多个实际的物理磁盘抽象成一个统一的逻辑设备对外提供服务,而在内部可以实现原来物理设备所不具有的属性或操作。但在用户的角度看来,抽象出来的逻辑设备与实际的物理设备并无差异,这种抽象对用户来说完全是透明的,因此可以像使用普通物理设备一样使用它。

device-mapper 是一个非常灵活的框架,可以根据需求定义实现各种不同功能。实际上,内核中已经提供了多种基于 device-mapper 机制实现的功能,包括逻辑卷管理(LVM)、各种级别的软磁盘阵列(RAID)、快照(snapshot)、加密设备(dm-crypt)、线性设备(linear)、多路径(multipath)、条带分割(stripe)。所有这些功能都是在内核中以模块形式实现的,因而可以按需动态地加载各种功能。就是利用 device-mapper 的这种抽象机制,将固态盘和机械硬盘两种不同的设备构造成一个统一的混合式逻辑设备。

为了方便用户使用 device-mapper 功能,device-mapper 提供了一套用户态的使用工具 dmsetup。dmsetup 通过 ioctl 接口将用户的请求信息传递到内核态,并执行相关命令,如创建一个映射设备、查询映射设备信息、删除特定映射设备等。用户通过使用 dmsetup 向内模块传递自定义的策略,然后调用相关机制完成相应功能,这是一种典型的策略(policy)与机制(mechanism)分离的例子。

7.2.1 device-mapper 中的主要概念

为了支持将多个物理设备抽象成统一的逻辑设备的功能,device-mapper 中定义了一系列相关的数据结构来表示 device-mapper 中各个抽象部件以及它们之间的逻辑结构关系。这些概念主要包括表示逻辑设备的 mapped_device 结构、表示目标设备的 dm_target 结构、定义目标设备类型的 target_type 结构及描述逻辑设备与目标设备之间映射关系的 dm_table 结构。device-mapper 利用这四个抽象结构来构造具有层次结构的逻辑设备。

(1)mapped_device:即映射设备,它表示一个抽象出来的逻辑设备,是内核向用户提供的设备接口。用户可以像使用普通设备一样使用映射设备,例如,在上面创建文件系统。每一个映射设备都在 dev/mapper/目录下有个对应的项表示。该结构包括的成员主要有相关的锁、该设备的请求队列(request_queue)、内核中与其对应的磁盘结构(gendisk)、工作队列、内存资源、对应的内核块设备(block_device)和描述其内部组织结构的 dm_table。

(2)dm_target:即目标设备,它是映射设备的基本构成单位。一个映射设备可以由一个或多个目标设备组成,其中目标设备称为映射设备的子设备,而映射设备称为目标设备的母映射设备。目标设备本身可以是单个实际物理磁盘,也可以是其他形式的逻辑设备,比如,它本身可以是由多个磁盘构成的磁盘阵列。因此,一个映射设备具有类似递归层次的结构,并且理论上一个映射设备可以具有无穷的层次结构。但从相邻上层的映射设备角度看来,目标设备就如同实际的物理设备。映射设备按照事先设定的映射规则将到达的请求发送到相应的目标设备进行处理,经过层层转发并最终到达实际物理磁盘。目标设备结构中的主要成员有所属的 dm_table 结构、目标设备的设备类型 target_type、表示目标设备在其母映射设备中的子逻辑空间起始地址和空间大小,以及一个指向目标设备私有数据的指针。

(3)target_type:即目标设备类型,它描述了一类目标设备所具有的共同操作接口。系统中可以存在多个同一类型的目标设备,这些目标设备调用统一的设备类型操作接口对到达的请求进行处理。Linux 内核中所有的目标设备类型都链接在一个以_targets 变量为表头的全局双向链表中。用户可以根据需求自己定义目标设备类型,然后调用内核提供的 dm_register_target 接口将新目标设备类型注册到系统中以供使用。如前所述,每个目标设备结构中都有一个设备类型成员将设备与对设备的操作关联起来。target_type 结构中的主要成员及其作用在第7.2.2小节中讨论。

(4)dm_table:即映射表,它描述母映射设备与其子目标设备之间是以何种方式而建立映射关系的,是联系映射设备和目标设备的纽带。一个母映射设备具有一个映射表,而一个映射表可以将多个目标设备关联起来构成同一个母映射设备。映射表结构中的主要成员有与之关联的映射设备、组成母映射设备的子目标设备成员、相关的内存资源及关联母映射设备的读/写访问模式。

图 7.1 显示了上述四种 device-mapper 抽象结构之间的关系示意图。如图7.1所示,每个映射设备通过中间的映射关系表与其子目标设备相关联起来。图上半部分为系统中已经注册了的目标设备类型链表。每个目标设备都有指向自己设备类型属性的字段。若目标设备属于同一类型设备,则它们指向同一个设备类型 target_type。访问请求到达映射设备时,MD(映射设备)根据需要访问的逻辑地址查找映射表中定义的映射关系,确定该请求访问的目标设备,然后将该请求下发到所确定的目标设备。若该目标设备本身也是一个 MD 的逻辑设备,则以相同的方式继续转发到下一层目标设备,直到请求到达了真正的物理磁盘。请求执行结束后,MD 沿着原路径一层一层向上报告请求的执行结果。若在请求执行过程中遇到了错误,则终止对请求的处理,并将错误信息返回给应用程序。

7.2.2　目标设备的操作接口

目标设备(dm_target)到达请求的处理规则定义在相应的目标设备类型

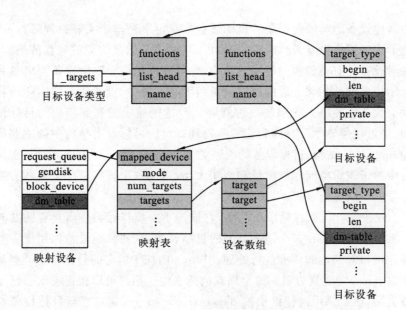

图 7.1 device-mapper 模块中各主要数据结构之间的关系示意图

（target_type）中，同一类型目标设备调用的请求处理规则是相同的。目标设备与目标设备类型之间的关系类似于磁盘与磁盘驱动程序之间的关系。

以下是目标设备类型提供的统一操作接口函数集合。

```
struct target_type{
    uint64_t features;
    const char * name;
    Struct module * module;
    unsigned version[3];
    dm_ctr_fn ctr;
    dm_dtr_fn dtr;
    dm_map_fn map;
    dm_map_requcst_fn map_rq;
    dm_endio_fn end_io;
    dm_request_endio_fn rq_end_io;
    dm_flush_fn flush;
    dm_presuspend_fn presuspend;
    dm_postsuspend_fn postsuspend;
    dm_preresume_fn preresume;
    dm_resume_fn resume;
    dm_status_fn status;
```

```
dm_message_fn message;
dm_ioctl_fn ioctl;
dm_merge_fn merge;
dm_busy_fn busy;
dm_iterate_devices_fn iterate_devices:
dm_io_hints_fn io_hints;
/*  For internal device-mapper use.* /
struct list_head list;
}
```

其中比较重要的接口函数有构造函数 ctr、析构函数 dtr、块 I/O 操作函数 map、请求处理函数 map_rq、状态查询函数 status 和向目标设备发送命令的 ioctl 函数。构造函数 ctr 在目标设备创建时被调用,它的主要功能是对目标设备进行初始化准备,比如分配目标设备运行过程所需要的内存资源。析构函数 dtr 则在目标设备销毁时被调用,用来执行最后的清理工作,如释放内存资源。块 I/O 操作函数 map 定义了对到达标设备上的块 I/O 操作请求处理规则,所有对块 I/O 请求的处理策略都是在该函数中完成的。请求处理函数 map_rq 与块 I/O 操作函数 map 的功能相似,所不同的是前者是以请求(request)为处理对象,而后者是以块 I/O 操作(bio)为处理对象。状态查询函数 status 向用户返回目标设备的状态信息。ioctl 函数与普通设备的 ioctl 函数功能相同,用来向标设备传递特殊操作命令。本节后面要讨论的 HSStore 的主要思想就是通过定义这些函数接口功能创建一个将固态盘与机械硬盘透明地混合在一起的目标设备类型。

7.3　HSStore 的设计与实现

HSStore 是通过构造一个由固态盘和机械硬盘混合组成的 device-mapper 目标设备类型 flashcache 而实现的。在 flashcache 内部,固态盘被用作机械硬盘的缓存层,根据访问特征动态地存储部分内容以提高系统整体性能。固态盘和机械硬盘的存储空间都被划分为固定的块大小,并以块为单位进行缓存和替换。块大小是一个用户可以配置的参数,在目标设备创建时由用户传递给目标设备,通常是 4 KB。针对固态盘随机小写性能差及由此引起的寿命问题,flashcache 目标设备类型通过双阈值法对到达的请求序列进行检测,将太大和太小的连续写请求从缓存层过滤掉,而直接将它们分派到磁盘上。为了提高固态盘的缓存效率,flashcache 采用分层的缓存管理策略,将一定数量(如 512 个)的块组合成一个组(set),将所有的缓存块划分成若干个组。请求到达时,先根据其所访问的地址按散列算法找到其对应的组,然后再在该组内查找其对应的块。I/O 请求到对应的组采用组相联策略,组内块采用全相联策略。总体上来讲,flashcache 目标设备类型将固态盘和机械硬盘抽象组合在一起,为用户提供一个透明的高性能、大容量、低功耗的块级设备。用户可以使用 device-mapper 提供的管理工具 dmsetup 方便地创建这类设备。

7.3.1 HSStore 系统架构

HSStore 主要由四个软件模块协同工作来实现对固态盘和机械硬盘的统一管理。它们分别是请求分派器(request dispatcher)、缓存管理器(cache manager)、缓存清理模块(cache cleaner)和数据迁移模块(data migrator)。图 7.2 显示了 HSStore 的系统框架结构图。下面分别对各个功能模块进行讨论。

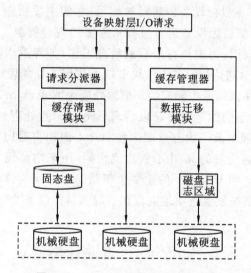

图 7.2　HSStore 的系统框架结构图

请求分派器的主要功能是确定到达请求需要发往的位置。它采用双阈值法确定是将请求发送到固态盘缓存层或直接写到磁盘上,或者暂时写到磁盘的日志区域内。双阈值法的工作原理是设定一个低阈值 Thresholdlow 和一个高阈低 Thresholdhigh,将到达的写请求分为"大请求""中请求""小请求"三种类型。双阈值法保存了过去一定数量连续请求(最大值为 Thresholdhigh)的访问记录,然后判断当前到达的 I/O 请求是否与它之前相邻到达的历史请求的访问地址是否连续,这在原理上与内存 ghost(备份还原)缓存相似。HSStore 中 Thresholdhigh 和 Thresholdlow 的默认值分别为 6 和 2。若构成的连续请求数小于 Thresholdlow,则该请求被认为是小请求;若构成的连续请求数大于 Thresholdhigh,则被认为是大请求;若构成的连续请求数介于 Thresholdhigh 和 Thresholdlow 之间,则被认为是中请求。与之前请求不连续的新到达请求称为分割请求。系统每次遇到分割请求时,都将请求历史清零,并以该分割请求为起点对后续到达请求的连续性进行判断。对于大请求,HSStore 直接将其写到磁盘上,一方面可以利用磁盘的良好顺序访问性能,另一方面避免了小写请求写到固态盘上,防止固态盘性能的快速下降,以及延长了其使用寿命。对于小请求,则先将其缓存在与磁盘相关联的日志区域内,以避免磁盘的随机访问操作。小请求在日志区域内以访问地址的顺序排序等待并且在两种情况下被写到磁盘上。第一种情况称为乘机写(opportunistic writing),即每次有大请求写到磁盘时,系统检查日志区域中是否存在与其连续的小请求,若存在,则将小请求与大请求合并一起写到磁盘。第二种情况称为迫写(forced writing),即当日志空间中的剩余空闲空间小于设定的最低值时,系统将日志区域清空,将所有缓存的小请求都写回到磁盘。将日志区域设定为与磁盘相关而不是与固态盘相关的原因在于,系统很难预测小请求将来被访问到的可能性有多大。若日志区域与固态盘相关联,则很可能由于那些缓存的小请求不会再被访问,既增加了固态盘上的随机小写请求,又浪费了固态盘的缓存空间。例如,应用对很大的数据库表格进行随机更新操作,而不读取表内容。磁盘日志区域可以使用一块指定的内存区域,也可以使用其他具有良好随机访问性能的介质,如相变存储器。在当前实现的 HSStore 中,日志区域的大小设定为128 个块 I/O 操作的大小。

缓存管理器的主要功能是对固态盘缓存进行管理,为到达固态盘缓存上的请求寻找空闲缓存块,以及当缓存空间用完时执行相应的替换算法(FIFO、LRU)、释放缓存块。缓存管理器保存了固态盘缓存空间中所有缓存块的缓存状态信息。对于到达缓存层的请求,缓存管理器根据其访问的逻辑地址找到该请求对应的缓存组。假设请求访问的地址是扇区号 dbn,每个缓存块包含 B 个扇区,每个缓存组包含 S 个块,且系统的缓存空间共分为 NS 个缓存组,则该请求对应的组(set)号为(dbn/B/S)%NS。然后再在该组内顺序地查找与该请求对应的缓存块。对于读请求,首先在缓存中查找对应的块,若命中,则直接访问固态盘,若未命中,则访问磁盘日志区域或者直接从磁盘上获得,并判断是否将本次访问的内容迁移到固态盘上。若该访问块的未命中次数超过设定的阈值,则将该块添加到迁移列表中,等待数据迁移模块将数据块从磁盘上迁移到固态盘上。对于到达缓存的写请求,若其对应的组内有空闲缓存块,则将该块写在固态盘上,并更新元数据信息;若组内没有空闲缓存块,则按照设定的替换算法(如 LRU)选择缓存块,并将其同步地写回磁盘以释放缓存空间,然后将到达的请求写到固态盘上,并更新缓存元数据信息。对于跨块边界的写请求,缓存管理器先将与其重合的缓存块写回到磁盘,再将其直接写到磁盘。比如,某个 4 KB 大小的写请求,前 2 KB 内容与块 B_1重合,后 2 KB 内容与块 B_2重合,则缓存管理器先将块 B_1 和块 B_2 写回到磁盘,再将该请求写到磁盘。

缓存清理模块的主要功能是周期性扫描缓存块的状态,并且每次扫描后生成一个等待迁移的缓存块列表。清理功能可以在系统空闲的时候运行,它的目的是减少写请求到达时由于没有空闲缓存块而引起的同步缓存块写回操作。缓存清理主要将三类缓存块添加到迁移列表中等待数据迁移模块将其写回到磁盘并释放缓存空间。第一类是当组(set)内空闲缓存块的比例低于最低阈值时,清理模块按照缓存替换算法(如 LFU)选择出的一定数量的缓存块。第二类是那些最近很长时间没有被访问过的缓存块。如果系统采用的是 LRU 替换算法(见第 7.3.2 小节),则这两种类型缓存块实际上变成了同类缓存块。第三类是那些与前两种类型缓存块地址连续的缓存块。例如,假设地址 L_1、L_2 和 L_3 是连续的,如果 L_1 和 L_3 对应的缓存块被选择写回,则 L_2 对应的缓存块也被选择写回。这样做的目的是构造顺序的写回磁盘操作,从而提高缓存块写回速度,减少缓存写回的平均开销。缓存清理模块选择出需要写回的缓存块后,将它们按磁盘地址排序后插入迁移列表中。

数据迁移模块的功能是分别顺序地扫描缓存管理器和缓存清理模块生成的缓存块迁移列表进行数据迁移操作。如前所述,缓存管理器监控未命中的读请求所访问的数据块,若数据块的未命中次数超过了设置的阈值,则说明该数据块的访问需求是很高的,因此将其从磁盘上迁移到固态盘缓存层中。类似地,它还将那些缓存清理模块选择出的数据块从固态盘缓存中迁移到磁盘上以释放缓存空间。每完成一个数据块的迁移操作,它都更新相应的元数据信息。数据迁移模块根据负载的实时特征在固态盘缓存层和磁盘之间进行数据迁移操作,确保了固态盘缓存的数据块是最优的,因而提高了系统总体性能。

7.3.2　缓存模式与替换算法

HSStore 提供了三种缓存模式和两种缓存替换算法。三种缓存模式分别是写回(write-back)、写直达(write-through)和写绕过(write-around),两种缓存替换算法分别是先进先出(FIFO)和最近最少使用(LRU)算法,更多的替换算法实现是未来工作的一部分。

1. 写回模式

写回模式是速度最快的缓存模式,同时它也是最不安全的。在写回模式下,所有的写操作只需要写到固态盘缓存上,然后将缓存块对应的元数据中的脏标识位置位,表示该缓存块与磁盘上的状态不一致,即报告写操作完成。缓存中的数据块什么时候写回到磁盘取决于所采用的缓存替换算法、应用的访问模式及定期刷新策略。其缺点是固态盘缓存中的数据与磁盘数据存在不一致隐患,而且写回模式中缓存块元数据信息所需要的内存也是最多的。

2. 写直达模式

写直达模式是这三种模式中最安全的模式。在写直达模式下,每一个写操作只有同时成功地被写到固态盘和磁盘上才向上层报告请求完成,因此它也是速度最慢的模式。这种模式下,缓存层与磁盘之间的状态总是一致的。

3. 写绕过模式

写绕过模式介于以上两种模式之间。在写绕过模式下,每一个写操作都绕过固态盘缓存而直接写到磁盘上,只有当数据块第一次被访问后才将其写到缓存中。这种模式下缓存利用率是最高的。

FIFO 算法和 LRU 算法都是指同一组内的块替换算法,它们分别按照缓存块访问的先后顺序和近期性(recency)来管理同组内的缓存块。本章后面的内容主要讨论写回模式下的 LRU 算法。

7.3.3　HSStore 使用的主要数据结构

HSStore 使用的主要数据结构有三个,一个是描述每个缓存块状态信息的元数据结构,另一个是描述每个数据迁移块信息的记录项,第三个是记录缓存中未命中块信息的未命中窗口。

每个缓存块对应的元数据结构主要包括该缓存块对应的磁盘块扇区号(8 个字节)、缓存块状态信息(2 个字节)、缓存块在其生命周期内被读命中的次数(4 个字节)、缓存块最后一次的读命中时间(8 个字节),共占用 22 个字节。其中,磁盘扇区号指的是与该缓存块内容对应的磁盘块内容在磁盘上的起始位置。缓存块状态信息表示缓存块当前状态,任何时刻缓存块都处于三种状态之一,分别是脏(dirty)、干净(clean)、不稳定(unstable)。脏状态指缓存块被修改过,但还没有与对应磁盘上的块进行同步操作。当脏缓存块从缓存层替换出去时,需要先将其写回磁盘。干净状态指缓存块状态与磁盘上对应块的状态是一致的,它可以直接从缓存中删除而不需要写回到磁盘。不稳定状态是指不能确定缓存块与对应磁盘块之间是否处于一致的状态,它是介于干净状态和脏状态之间的一种存在。比如,当一个缓存块写回磁盘时,先将其状态标记从脏状态标记为不稳定状态。若缓存块被成功地写到磁盘上,则将其状态从不稳定状态变为干净状态;若由于故障或掉电原因导致写回操作不成功,则该缓存块将处于不稳定状态。记录缓存块的读命中次数有两方面的作用,一是可以用来表示缓存块的热度,二是用来衡量是否将未命中的读请求块迁移到固态盘缓存中。记录缓存块最后一次读命中时间可以方便缓存清理模块找出那些最久没有被访问过的缓存块。

缓存块的元数据信息除了存储在内存中外,在固态盘上也存放了所有的元数据信息,以保证元数据的可靠性。系统在启动时先根据设定的总缓存空间大小和缓存块大小,在固态盘上分配相应的元数据空间。元数据区域又被划分为固定大小的块,称为元数据块。每个元数据块存储若干个连续缓存块的元数据信息。这样可以减少固态盘上元数据信息更改的小写请求数,因为程序的局部性原理会使得某段时间内被修改块对应的元数据信息更改都会落在同一个元数据块内。图 7.3 显示了固态盘上的数据布局。在固态盘的起始位置是一个超级块,它存储了系统的配置信息,包括缓存空间大小、缓存块大小、元数据块大小、组大小等。超级块后面是元数据块区域,最后是数据缓存块区域。元数据块与缓存块之间是线性对应关系,每个元数据块存放哪些缓存块的元数据是固定的。假设每个元数据块能存放 M 个缓存块的元数据信息,则第 1 个元数据块存放第 0 个到第 $M-1$ 个缓存块的元数据信息,第 i 个元数据块存放第 $i \times M$ 到第 $(i+1) \times M$ 个缓存块的元数据信息。

每个数据迁移项描述的是一个块迁移操作。由磁盘迁往固态盘的块迁移操作信息主要包括数据块在磁盘上的源地址、链表链接的辅助信息。由固态盘迁往磁盘的块迁移操作信息主要包括数据在固态盘上的缓存块号、磁盘上的目的地址、链表链接的辅助信息。数据迁移模式扫描到每个块迁移操作时,调用 device-mapper 提供 kcopyd 机制完成设备间数据拷贝。"未命中窗口"记录了过去一段时间内缓存中读未命中缓存块的信息,窗口大小是可以设定的系统参数,默认值是 128。缓存管理器每次检测到一个未命中请求,则向"未命中窗口"中添加一条未命中记录项。记录项主要包括请求块在磁盘上的位置、未命中次数等信息。若"未命中窗口"中已经存在了该数据块的记录,则只需将其未命中次数加 1。当"未命中窗口"中某数据块的未命中次数超过了其所在组(set)中缓存数据块的平均命中次数时,则说明有必要将该数据块迁移到固态盘缓存中。

图 7.3　HSStore 中固态盘上的数据布局

7.3.4　请求处理流程

HSStore 对到达请求的处理过程都是在 flashcache 目标设备类型的 map 函数中实现。对到达的块 I/O 操作 bio,map 函数首先完成一些统计信息,比如读/写次数的统计,然后根据其操作类型调用相应的读或写请求处理函数。

对于读请求,首先根据 bio 操作访问的地址计算它对应的缓存组(set),然后在该组内查找缓存块信息。若存在对应的缓存块,读操作命中,则直接从固态盘上读取数据并返回。若不存在对应的缓存块,读操作未命中,则首先检查缓存中是否存在与该请求的访问区域重合的缓存块,若存在区域重合的缓存块,则先将重合的缓存块同步写回磁盘,然后直接访问磁盘并返回。若不存在区域重合的缓存块,则直接访问磁盘,并将该读未命中记录项添加到"未命中窗口"记录中,等待数据迁移进程判断是否将该数据块迁移到缓存中。图 7.4 显示了 flashcache 读请求处理流程图。

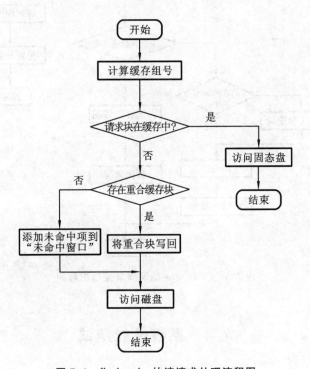

图 7.4　flashcache 的读请求处理流程图

对于写请求,也是首先根据 bio 操作访问的地址计算它对应的缓存组(set),然后在该组内查找缓存块信息。若存在对应的缓存块,写操作命中,则直接在固态盘上完成写操作,并更新元数据信息,从而其标识被修改过。若不存在对应的缓存块,写操作未命中。与读未命中类似,先检查缓存中是否存在与其重合的缓存块:若存在重合的缓存块,则先将重合的缓存块写回磁盘,然后将该写请求发送到磁盘上;若不存在重合的缓存块,则将该写请求写到已有的空闲缓存块上,或者先按照替换算法释放缓存空间,再将写请求写到缓存中,并更新元数据信息。图 7.5 显示了 flashcache 的写请求处理流程图。

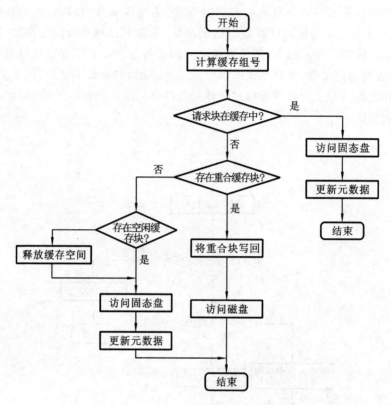

图 7.5 flashcache 的写请求处理流程图

7.4 系统性能测试

7.4.1 测试环境

测试环境为 Intel 四核处理器、8 GB 内存的服务器。操作系统为 CentOS 6.0，内核版本为 Linux 2.6.32。测试中所用的磁盘是 1 TB 大小的 SATA 硬盘，固态盘为金士顿生产的 60 GB 大小 MLC 类型的固态盘，且所有磁盘采用默认的 CFQ 调度器。HSStore 是以内核模块的形式实现，加载该模块后会在系统中注册一个 flashcache 类型的 device-mapper 目标设备类型，用户可以使用 dmsetup 工具创建固态盘与机械硬盘构成的混合式存储系统。测试主要分为两部分，一部分是使用 Intel® Open Storage 测试工具进行微测试（micro testing）。这一部分测试主要使用测试工具产生顺序和随机模式下不同大小的访问请求，然后比较 HSStore 与机械硬盘和固态盘之间的性能。每个测试中的请求都是读和写各占一半的混合请求类型,且都是直接访问磁盘设备。另一部分是使用 FileBench 产生不同的负载来测试 HSStore 在实际应用负载下的性能表现。测试中分别在机械硬盘、固态盘、HSStore 和 Fullcache 上运行 FileBench 提供的 Web 服务器、文件服务器、邮件服务器和数据库服务器四种典型的服务器应用类型,每个应用运行 30 秒。这四种应用所产生的数据都存放在文件系统上。运行结束时,每种应用程序报告 IOPS 性能。测试中所使用的文件系统是 EXT4 文件系统,且都采用默认的文件系统格式和挂载选项。

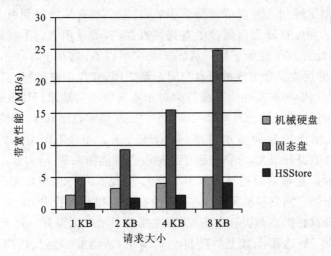

图 7.6　机械硬盘、固态盘和 HSStore 在读、写比例为 1∶1
的混合请求顺序访问模式下的性能比较

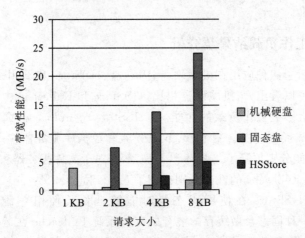

图 7.7　机械硬盘、固态盘和 HSStore 在读、写比例为 1∶1
的混合请求随机访问模式下性能比较

7.4.2 微测试结果及分析

图 7.6 和图 7.7 分别显示了机械硬盘、固态盘和混合式存储系统 HSStore 在顺序和随机访问模式下的性能比较。图中横坐标表示所设置的请求大小(KB),纵坐标为测试工具报告的带宽性能(MB/s)。从图 7.6 中可以看出,在顺序访问模式下,对于各种请求大小的访问,HSStore 中的固态盘不但没有提高系统性能,反而使得系统性能比机械硬盘的性能还要差。其主要原因在于 HSStore 中的请求分派器检测出了所到达的写请求是顺序的,将它们都直接发送到磁盘上,而对于到达的读请求则先在固态盘缓存中查找是否存在,若发现它们不在缓存中,则再访问磁盘,因此导致了性能下降。从图 7.7 中可以看出,对于各种不同大小的请求,HSStore 的性能都介于机械硬盘与固态盘之间,这说明在随机访问模式下,固态盘的缓存作用能够提高性能系统。但对于不同大小的请求,HSStore 提升系统性能的程度不同。对于 1 KB 和 2 KB 大小的随机请求,HSStore 的性能只有略微提升,与机械硬盘的性能基本持平;但对于 4 KB 和 8 KB 大小的随机请求,HSStore 的性能提升很大,分别达到了机械硬盘性能的 2.74 倍和 2.6 倍。主要原因在于 HSStore 能够有效地过滤掉小写请求,因此 1 KB 和 2 KB 大小的请求基本都被请求分派器定向到机械硬盘上了,其性能只有很小的提升,而 4 KB 和 8 KB 的请求大部分都在固态盘缓存中完成,其性能获得了很大提升。这也从侧面说明 HSStore 减少了到达固态盘上的随机小写请求,从而能够延长固态盘的使用寿命。综合而言,这组微测试结果表明,HSStore 能够有效地检测出请求中的大写和小写请求,将其直接发送到机械硬盘上,既提高了固态盘的有效缓存空间,又能延长其使用寿命。

7.4.3 工作负载结果及分析

图 7.8 显示了四种应用在机械硬盘、固态盘、HSStore 和 Fullcache 上的性能比较。从图中可以看出,与机械硬盘相比,HSStore 和 Fullcache 中固态盘的缓存作用能够提升大多数工作负载的性能,但 HSStore 与 Fullcache 之间的相对性能比较与应用负载类型相关。对于 Web 服务器和数据库服务器应用,HSStore 比 Fullcache 的性能分别下降了 1.2 % 和 3.8 %,而对于文件服务器和邮件服务器应用,HSStore 比 Fullcache 的性能分别提高了 8.9% 和 14.5%。

为了表明 HSStore 在使用固态盘时能够延长其使用寿命,接下来比较 HSStore 与另一种固态盘做缓存的混合式存储系统 Fullcache 在运行前面四种应用程序所写到固态盘上的总数据量。与 HSStore 选择性地缓存数据不同,Fullcache 将所有的请求都缓存在固态盘上,当没有剩余缓存空闲空间时,执行替换算法释放缓存空间。图 7.9 显示了 HSStore 与 Fullcache 在运行上述四种工作

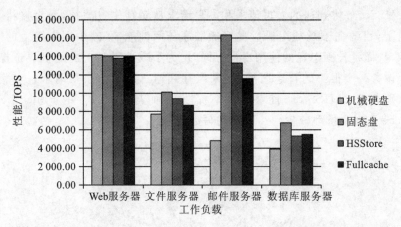

图 7.8　不同应用在机械硬盘、固态盘、HSStore 和 Fullcache 上的性能比较

负载过程中产生写次数的比较。如图所示,对于 Web 服务器、文件服务器、邮件服务器和数据库服务器工作负载,HSStore 中固态盘所经历的写次数要比 Fullcache 中固态盘经历的写次数分别少 10%、12.4%、19% 和 21%。结合前面的性能测试结果,可得知 HSStore 在不影响性能甚至是提高性能的情况下,减少了固态盘所经历的写次数,因此 HSStore 是一种更加有效的使用固态盘方法。

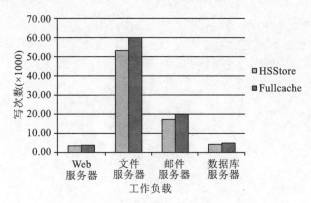

图 7.9　HSStore 与 Fullcache 在四种工作负载运行过程中产生写固态盘次数的比较

7.5　本章小结

本章讨论了一种新的基于固态盘缓存的混合式存储系统 HSStore。HSStore 选择性地将合适的请求缓存在固态盘上,既考虑到利用固态盘来提升系统整体性能,同时还考虑到延长固态盘的使用时间,在性能和寿命之间选择一个折中的平衡点。HSStore 将到达的大写请求和小写请求从缓存中过滤掉,而直接将其发送到磁盘上,目的在于既利用磁盘良好的顺序访问性能,又减少固态盘上的随机小写请求,从而延长固态盘的使用寿命。同时,为了减少磁盘上的随机寻道操作,在磁盘上设置一个很小的日志区域,用来缓存到达磁盘上的小写请求。实验表明,与机械硬盘相比,HSStore 能够提高系统性能,而与完全缓存的 Fullcache 相比,Fullcache 又能大量地减少到达磁盘的写数据量。

第 8 章　总结与展望

8.1　全书小结

随着半导体技术的不断发展,基于半导体技术的闪存和固态盘存储技术得到了飞速发展,容量不断提高的同时,成本也大为降低,使得闪存和固态盘得以普及开来,从一些高端特殊应用逐渐走向个人应用。近年来,固态盘已被逐渐用于笔记本电脑、个人台式机、工作站和大规模数据中心。固态盘高性能、低功耗等优点有望解决存储系统的 I/O 瓶颈问题,给存储系统带来革命性的变化。本书在总结与借鉴前人研究成果的基础之上,针对固态盘 I/O 性能优化进行研究,主要作出了以下几点研究贡献。

(1)设计并实现了三种元数据管理方法,其中两种是简单的基于 MySQL 数据库的实现(DIR_MySQL 和 OPT_MySQL),而另一种是根据应用特点而设计的(META_CDP)。实验结果表明,META_CDP 比其他两种方法效率要高很多,而且其性能也是在可接受范围内。除此之外,我们还详细讨论了两种不同的恢复算法,即全量恢复算法和增量恢复算法,用户可以根据所需要恢复的目标恢复点信息选择其中一种以达到最佳的恢复速度。从实际测试结果来看,面向通用的数据库性能比针对特定应用环境的设计性能要低很多。我们设计的元数据管理方法 META_CDP 在恢复中的性能是可以接受的,是整个连续数据保护(continuous data protection,CDP)系统实现的关键之一。同时,我们还针对 META_CDP 的两种恢复算法实现做了定量的测试分析,并给出了选择实现快速恢复效率的一般性原则,即当目标恢复点距离起始时间点近时,可使用全量恢复算法,而当目标恢复点距离当前时间点较近时,可选择增量恢复算法。

(2)为充分利用 SLC 和 MLC 这两种闪存体各自的优势,提出了一种同时包含 SLC 和 MLC 闪存体的混合式固态盘架构的设计方法,通过在 FTL 的映射表中增加读计数器和写计数器,利用计数器的值来进行热点数据判断,并通过配置与 SLC 区域有关的阈值,控制是否进行数据迁移。同时为保证这种混合架构内部的耗损均衡,提出用 SLC 和 MLC 区域之间的平均剩余寿命差异指标来控制动态数据迁移过程。

(3)通过采用空间分区、阅读优先和排序三种策略充分利用固态盘内部丰富的并行性,设计了适合于固态盘的 I/O 调度程序——分区调度器。固态盘内部是一种多层次结构,因而具有丰富的潜在并行性,可以利用以获得较高性能。分区调度器首先把整个固态盘空间分成几个区域作为基本调度单位,并利用其内部丰富的并行性同时发起请求。其次,利用读请求比写请求快得多的事实,优先读请求,避免过多的读对写操作的阻止干扰。再次,对每个区域调度队列中的写请求在发送到磁盘之前进行排序,以期望将随机写转换为顺序写,从而减少到达磁盘的有害随机写请求。使用不同负载对分区调度器的测试结果表明,分区调度器能成功地将随机写转化成顺序写,与四种内核 I/O 调度程序中最好者相比能够提高17%~32%的性能,同时延长了固态盘的寿命。

(4)基于两个重要的观察结果,即①存在大量的重复数据块,②元数据块比数据块被更加频繁地访问或修改,但每次更新仅有微小变化,提出了 Flash Saver,耦合 EXT2/3 文件系统,同时利用重复数据删除和增量编码两种技术来减少到固态盘的写流量。Flash Saver 将重复数据删除用于文件系统数据块,将增量编码用于文件系统元数据块。实验结果表明,Flash Saver 可减少高达 63% 的总写流量,从而使其具有更长的使用寿命、更大的有效闪存空间和更高的可靠性。

(5)通过改变存储系统的数据布局策略及存储系统结构,设计了一种利用固态盘的冗余高效能云存储系统架构,在维持合理性能水平的同时实现高能源效率。该架构主要包括 MDS、loggers 和数据块服务器三部分,引入新的基于固态盘的服务器作为 loggers,来缓冲那些到暂时关闭的数据块服务器的写入/更新请求。另外设计改变数据布局的策略,可以保持大部分的冗余存储节点在待机模式甚至大部分时间关闭。同时设计了一个实时工作负载监视器 instructor,可以根据工作负载的变化,控制数据块服务器的启动和关闭,系统能耗和性能之间的权衡也可以通过调整权衡指标来实现。实验结果表明,REST 在 FileBench 和实际工作负载下可分别节省高达 29% 和 33% 的系统能耗,同时对系统性能没有很大影响。

(6)提出了一种基于固态盘缓存的混合式存储系统 HSStore。考虑到固态盘和传统的机械硬盘在性能、容量、成本、寿命等方面的互补优缺点,本文提出一种固态盘作为缓存的混合式存储系统架构 HSStore。在 HSStore 中,将大的顺序写请求和小的随机写请求都直接写到磁盘上,而将合适的请求写到固态盘上,这样既可以提高固态盘的有效缓存空间,又能避免固态盘过快磨损。同时,HSStore还利用一定容量的高速缓存区域(RAM 或 PCM)来缓存到达磁盘的小写请求以减少磁盘的随机寻道操作。在运行过程中,HSStore 监控请求的实时状态,并且根据需要在固态盘缓存和磁盘之间进行数据迁移,将与性能最相关的数据存放到缓存中。通过这种方式将固态盘与磁盘组合起来,可以获得一个高性能、大容量、高可靠的存储设备。

8.2　未来工作展望

本书主要针对固态盘系统的内在特点,从内部混合式架构的固态盘、减少到固态盘的写流量、设计固态盘内部的 I/O 调度策略及利用固态盘设计冗余高效能云存储架构等多方面展开,优化固态盘 I/O 性能,最大限度地利用好固态盘,提高存储系统性能和可靠性,并降低系统能耗。但还有很多研究工作有待完善和继续,包括:

(1)继续对固态盘本身的研究。随着半导体工艺的持续发展,未来单个固态盘的容量将会继续提升,达到 TB 级,其内部组织结构也将变得更加丰富和复杂,比如,其并行性也会进一步提高。如何在内部对这些芯片、缓存等资源进行管理以获得良好的性能将是固态盘的研究内容之一。

(2)SMARC 的研究有着重要的应用意义,它可以为实施差异化的存储服务提供一个良好的基础架构,这是未来所要进行的工作之一。从本质上讲,SMARC 很适合改进以为存储提供差异化服务。例如,作为智能语义存储系统和匿名写固态盘的扩展,可以把那些要求高可靠性的语义敏感数据放在 SLC 区域及用 SLC 区域作为匿名写固态盘的虚拟地址空间。

(3)虽然固态盘非常适合为未来的存储系统服务,但未公开的内部将会成为进一步优化的障碍。固态盘的内部行为具有很强的动态特征,甚至有时与表现出来的外部行为特征是不一致的[67]。不同的固态盘厂商采用了不同的固件设计,这往往给实现优化方法带来了极大限制。作为下一步工作,可与生产厂商合作探索固态盘的内部结构,尤其是它们的动态行为,以进一步研究针对固态盘的 I/O 调度策略。

(4)在 REST 设计中,未来可以考虑将 spin-down 技术结合进来,以达到进一步节能的目的。同时设计 REST 的最终目标是为我们实验室自主研发的云备份系统 B-cloud 建立一个高能效的存储系统。一些初步的结果已经表明,它是有前途的,未来打算用更多的 B-cloud 工作负载 trace 进一步进行测试。

(5)固态盘在未来大规模存储系统的应用研究。因为其性能和能耗方面的优势,固态盘在大规模存储系统中具有良好的应用前景。如何以性价比最优的方式将固态盘应用到大规模存储系统也将是研究的重点之一。特别是针对大数据背景下的数据访问特征利用固态盘来优化存储系统性能是研究热点之一。

参 考 文 献

[1] Jim G. What next? A few remaining problems in information technology [EB/OL]. 2010. http://research. microsoft. com/ ~ gray/talks/Gray _ Turing_FCRC. pdf.

[2] Wang Z, Zhang Y, Wu Q, et al. Degradation reliability modeling based on an independent increment process with quadratic variance[J]. Mechanical Systems and Signal Processing, 2016, 70-71:467-483.

[3] 王禹. 分布式存储系统中的数据冗余与维护技术研究[D]. 广州:华南理工大学, 2011.

[4] Wilson E H, Jung M, Kandemir M T. ZombieNAND: Resurrecting Dead NAND Flash for Improved SSD Longevity[C]// IEEE, International Symposium on Modelling, Analysis & Simulation of Computer and Telecommunication Systems. IEEE, 2014:229-238.

[5] Takeuchi K, Hatanaka T, Tanakamaru S. Highly reliable, high speed and low power NAND flash memory-based Solid State Drives (SSDs)[J]. Ieice Electronics Express, 2012, 9(8):779-794.

[6] Agrawal N, Prabhakaran V, Wobber T, et al. Design Tradeoffs for SSD Performance[J]. Security & Privacy IEEE, 2008, 7(2):57-70.

[7] Kim Y, Tauras B, Gupta A, et al. FlashSim: A Simulator for NAND Flash-Based Solid-State Drives[C]// International Conference on Advances in System Simulation. IEEE, 2009:125-131.

[8] 胡洋. 高性能固态盘的多级并行性及算法研究[D]. 武汉:华中科技大学, 2012.

[9] Gupta A, Kim Y, Urgaonkar B. DFTL: a flash translation layer employing demand-based selective caching of page-level address mappings[J]. Acm Sigplan Notices, 2009, 44(3):229-240.

[10] Hu Y, Jiang H, Feng D, et al. Achieving page-mapping FTL performance at block-mapping FTL cost by hiding address translation[C]// MASS Storage Systems and Technologies, 2010:1-12.

[11] Shi L, Wu K, Zhao M, et al. Retention Trimming for Lifetime Improvement of Flash Memory Storage Systems[J]. IEEE Transactions on Computer-Aided Design of Integrated Circuits and Systems, 2015, 35 (1):1-1.

[12] Panigrahi S K, Maity C, Gupta A. A simple wear leveling algorithm for NOR type solid storage device[J]. CSI Transactions on ICT, 2014, 2(1): 65-76.

[13] Kwon O, Koh K, Lee J, et al. FeGC: An efficient garbage collection scheme for flash memory based storage systems[J]. Journal of Systems & Software, 2011, 84(9):1507-1523.

[14] Kim J, Kim J M, Noh S H, et al. A space-efficient flash translation layer for CompactFlash systems [J]. IEEE Transactions on Consumer Electronics, 2002, 48(2):366-375.

[15] Lee S W, Park D J, Chung T S, et al. A log buffer-based flash translation layer using fully-associative sector translation[J]. Acm Transactions on Embedded Computing Systems, 2007, 6(3):150-151.

[16] Lee S, Shin D, Kim Y J, et al. LAST: Locality-aware sector translation for NAND flash memory-based storage systems[J]. Acm Sigops Operating Systems Review, 2008, 42(6):2008.

[17] 綦晓颖, 汤显, 梁智超, 等. OAFTL: 一种面向企业级应用的高效闪存转换层处理策略[J]. 计算机研究与发展, 2011, 48(10):1918-1926.

[18] Wei Q, Gong B, pathak S, et al. WAFTL: a workload adoptive flash translation layer with data partition[J]. 2011. 6548(1):1-12.

[19] Park D, Debnath B, Du D. CFTL: a convertible flash translation layer adaptive to data access patterns [J]. Acm Sigmetrics Performance Evaluation Review, 2010, 38(1):365-366.

[20] Kim H, Ahn S. BPLRU: a buffer management scheme for improving random writes in flash storage[C]// Proceedings of the 6th USENIX Conference on File and Storage Technologies. USENIX Association, 2008:239-252.

[21] Jo H, Kang J U, Park S Y, et al. FAB: flash-aware buffer management policy for portable media players[J]. IEEE Transactions on Consumer Electronics, 2006, 52(2):485-493.

[22] Park S Y, Jung D, Kang J U, et al. CFLRU: A replacement algorithm for flash memory[C]// International Conference on Compilers, Architecture,

and Synthesis for Embedded Systems, CASES 2006, Seoul, Korea, October. 2006:234-241.

[23] Tang X, Meng X F. FClock: An Adaptive Buffer Replacement Algorithm for SSD[J]. Chinese Journal of Computers, 2010, 33(8):1460-1471.

[24] 黄平. 基于固态盘特征的存储优化研究[D]. 武汉:华中科技大学，2013.

[25] Chen F, Lee R, Zhang X. Essential roles of exploiting internal parallelism of flash memory based solid state drives in high-speed data processing[C]// IEEE, International Symposium on High Performance Computer Architecture. IEEE, 2011,8(1):266-277.

[26] Park S H, Ha S H, Bang K, et al. Design and analysis of flash translation layers for multi-channel NAND flash-based storage devices[J]. IEEE Transactions on Consumer Electronics, 2009, 55(3):1392-1400.

[27] Xiao N, Chen Z G, Liu F, et al. P3Stor: A parallel, durable flash-based SSD for enterprise-scale storage systems[J]. Science China Information Sciences, 2011, 54(6):1129-1141.

[28] Sun N, Wu Q, Jin Z. A Storage Architecture for High Speed Signal Processing: Embedding RAID 0 on FPGA[J]. Journal of Signal & Information Processing, 2012, 03(3):382-386.

[29] Yang Q, Ren J. I-CASH: Intelligently Coupled Array of SSD and HDD [J]. IEEE Symposium on High Performance Computer Architecture, 2011, 8(1):278-289.

[30] Li Z, Chen M, Mukker A, et al. On the trade-offs among performance, energy, and endurance in a versatile hybrid drive[J]. Acm Transactions on Storage, 2015, 11(3):1-27.

[31] Chen F, Luo T, Zhang X. CAFTL: a content-aware flash translation layer enhancing the lifespan of flash memory based solid state drives[C]// Usenix Conference on File and Stroage Technologies. USENIX Association, 2011:77-90.

[32] Grupp L M, Caulfield A M, Coburn J, et al. Characterizing flash memory: anomalies, observations, and applications [C]//IEEE/ACM International Symposium on Microarchitecture. IEEE, 2009:24-33.

[33] Kim H, Ahn S. BPLRU: a buffer management scheme for improving random writes in flash storage[C]// Proceedings of the 6th USENIX Conference on File and Storage Technologies. USENIX Association, 2008:239-252.

[34] Khedkar A, Kumar V. Flash-based logging for database updates[C]// International Conference on Collaboration Technologies and Systems. 2011:540-547.

[35] Mesnier M P, Akers J B. Differentiated storage services[J]. Acm Sigops Operating Systems Review, 2011, 45(1):45-53.

[36] Park D, Debnath B, Nam Y, et al. HotDataTrap: a sampling-based hot data identification scheme for flash memory[C]// ACM Symposium on Applied Computing. ACM, 2012:1610-1617.

[37] Park D, Nam Y J, Debnath B, et al. An on-line hot data identification for flash-based storage using sampling mechanism[J]. Acm Sigapp Applied Computing Review, 2013, 13(1):51-64.

[38] Guo J, Hu Y, Mao B. SBIOS: An SSD-based Block I/O Scheduler with improved system performance[C]// IEEE International Conference on Networking, Architecture and Storage, 2015:357-358.

[39] Sun H, Qin X, Xie C S. Exploring optimal combination of a file system and an I/O scheduler for underlying solid state disks[J]. Frontiers of Information Technology & Electronic Engineering, 2014, 15 (8): 607-621.

[40] Lu Y, Shu J, Zheng W. Extending the lifetime of flash-based storage through reducing write amplification from file systems[C]// Usenix Conference on File and Storage Technologies. USENIX Association, 2013:257-270.

[41] Wan S, Cao Q, Huang J, et al. Victim disk first: an asymmetric cache to boost the performance of disk arrays under faulty conditions [C]// Proceedings of the 2011 USENIX conference on USENIX annual technical conference. USENIX Association, 2011:13-13.

[42] Wildani A, Miller E L, Ward L. Efficiently identifying working sets in block I/O streams [C]// International Conference on Systems and Storage. ACM, 2011:1-12.

[43] Yoo B, Won Y, Choi J, et al. SSD characterization: from energy consumption's perspective[C]// Usenix Conference on Hot Topics in Storage and File Systems, 2011:3-3.

[44] Zhang Y, Arulraj L P, Arpaci-Dusseau A C, et al. De-indirection for flash-based SSDs with nameless writes[C]// Usenix Conference on File and Storage Technologies. USENIX Association, 2012:1-1.

[45] Caulfield A M, Grupp L M, Swanson S. Gordon: using flash memory to build fast, power-efficient clusters for data-intensive applications[J]. Acm Sigplan Notices, 2009, 44(3):217-228.

[46] Andersen D G, Franklin J, Kaminsky M, et al. FAWN: a fast array of wimpy nodes[J]. Communications of the Acm, 2011, 54(7):101-109.

[47] Benhase M T, Walls A D. Wear leveling of solid state disks distributed in a plurality of redundant array of independent disk ranks: US, US8639877 [P]. 2014.

[48] Hu J, Jiang H, Tian L, et al. PUD-LRU: An Erase-Efficient Write Buffer Management Algorithm for Flash Memory SSD[J]. Modeling Analysis & Simulation of Computer & Telecommunication Systems IEEE I, 2010:69-78.

[49] Hu Y, Jiang H, Feng D, et al. Performance impact and interplay of SSD parallelism through advanced commands, allocation strategy and data granularity[C]// International Conference on Supercomputing. ACM, 2011:96-107.

[50] Lee S, Jung S, Song Y H. Performance analysis of Linux block io for mobile flash storage systems[C]// IEEE International Conference on Network Infrastructure and Digital Content,2014:462-465.

[51] Park H, Yoo S, Hong C H, et al. Storage SLA Guarantee with Novel SSD I/O Scheduler in Virtualized Data Centers[J]. IEEE Transactions on Parallel & Distributed Systems, 2016, 27(8):2422-2434.

[52] Park S, Shen K. FIOS: a fair, efficient flash I/O scheduler[C]// Usenix Conference on File and Storage Technologies,2012:13-13.

[53] Xu Y, Jiang S. A Scheduling Framework that Makes any Disk Schedulers Non-work-conserving solely based on Request Characteristics [C]// Usenix Conference on File and Storage Technologies, San Jose, Ca, USA, February,2011:119-132.

[54] Iyer S, Druschel P. Anticipatory scheduling: a disk scheduling framework to overcome deceptive idleness in synchronous I/O[J]. Acm Sigops Operating Systems Review, 2001, 35(5):117-130.

[55] Agrawal N, Prabhakaran V, Wobber T, et al. Design Tradeoffs for SSD Performance[C]// Usenix Technical Conference, Boston, Ma, USA, June 22-27, 2008. Proceedings. 2008:c4.

[56] Ajwani D, Malinger I, Meyer U, et al. Characterizing the Performance of

Flash Memory Storage Devices and Its Impact on Algorithm Design[J]. Workshop on Experimental Algorithms, 2008, 5038(2008):208-219.

[57] Cai Y, Haratsch E F, Mutlu O, et al. Error patterns in MLC NAND flash memory: measurement, characterization, and analysis [C]// Design, Automation & Test in Europe Conference & Exhibition. IEEE, 2012:521-526.

[58] Boboila S, Desnoyers P. Write endurance in flash drives: Measurements and analysis[C]// Usenix Conference on File and Storage Technologies, 2010:115-128.

[59] Sun G, Joo Y, Chen Y, et al. A Hybrid Solid-State Storage Architecture for the Performance, Energy Consumption, and Lifetime Improvement [J]. Emerging Memory Technologies, 2010:1-12.

[60] Konishi R, Amagai Y, Sato K, et al. The Linux implementation of a log-structured file system[J]. Acm Sigops Operating Systems Review, 2006, 40(3):102-107.

[61] Min C, Kim K, Cho H, et al. SFS: random write considered harmful in solid state drives [C]// Usenix Conference on File and Storage Technologies. USENIX Association, 2012.

[62] Yu Y J, Dong I S, Eom H, et al. NCQ vs. I/O scheduler: Preventing unexpected misbehaviors[J]. Acm Transactions on Storage, 2010, 6(1):658-673.

[63] Povzner A, Kaldewey T, Brandt S, et al. Efficient guaranteed disk request scheduling with fahrrad [J]. Acm Sigops Operating Systems Review, 2008, 42(4):13-25.

[64] Wachs M, Abd-El-Malek M, Thereska E, et al. 2007. Argon: Performance insulation for shared storage servers [C]// Usenix Conference on File & Storage Technologies Usenix Association, 2015:61-76.

[65] Song Y, Kim J, Kang D H, et al. Analyses of the Effect of System Environment on Filebench Benchmark[J]. Journal of KIISE,2016, 43(4):411-418.

[66] Sehgal P, Tarasov V, Zadok E. Evaluating performance and energy in file system server workloads[C]// Usenix Conference on File and Storage Technologies, San Jose, Ca, Usa, February. DBLP, 2010:253-266.

[67] Veeraraghavan K, Flinn J, Nightingale E B, et al. quFiles: the right file

at the right time [C]// Usenix Conference on File and Storage Technologies. USENIX Association, 2010.

[68] Agrawal N, Bolosky W J, Douceur J R, et al. A five-year study of file-system metadata[J]. Acm Transactions on Storage, 2007, 3(3):3-9.

[69] Arpaci-Dusseau A C, Arpaci-Dusseau R H, Bairavasundaram L N, et al. Semantically-smart disk systems: past, present, and future[J]. Acm Sigmetrics Performance Evaluation Review, 2006, 33(4):29-35.

[70] Balakrishnan M, Kadav A, Prabhakaran V, et al. Differential RAID: rethinking RAID for SSD reliability [C]// European Conference on Computer Systems. ACM, 2010:15-26.

[71] Cao M, Ts T Y, Pulavarty B, et al. State of the Art: Where we are with the Ext3 filesystem[J]. In Proceedings of the Ottawa Linux Symposium (OLS),2005:69-96.

[72] Caulfield A M, Grupp L M, Swanson S. Gordon: using flash memory to build fast, power-efficient clusters for data-intensive applications[J]. Acm Sigplan Notices, 2009, 44(3):217-228.

[73] Douglis F, Iyengar A. Application-specific Delta-encoding via Resemblance Detection[C]// USENIX Technical Conference,2003.

[74] Guo F, Efstathopoulos P. Building a high-performance deduplication system[C]// Usenix Conference on Usenix Technical Conference. 2011: 25-25.

[75] Gupta A, Pisolkar R, Urgaonkar B, et al. Leveraging value locality in optimizing NAND flash-based SSDs[C]// Usenix Conference on File and Storage Technologies, San Jose, Ca, USA, February,2011:91-103.

[76] Gupta D, Lee S, Vrable M, et al. Difference Engine: Harnessing Memory Redundancy in Virtual Machines[C]// Usenix Symposium on Operating Systems Design and Implementation, OSDI 2008, December 8-10, 2008, San Diego, California, USA, Proceedings,2008:85-93.

[77] Wang H, Huang P, He S, et al. A novel I/O scheduler for SSD with improved performance and lifetime[C]// MASS Storage Systems and Technologies. IEEE, 2013:1-5.

[78] Katcher J. Postmark: a new file system benchmark[C]// Netapp. 1997.

[79] Koller R, Rangaswami R. I/O Deduplication: Utilizing content similarity to improve I/O performance[J]. Acm Transactions on Storage, 2010, 6 (3):211-224.

[80] Lee S W, Moon B. Design of flash-based dbms: an in-page logging approach[C]// ACM SIGMOD International Conference on Management of Data, Beijing, China, June. 2007:55-66.

[81] Leung A W, Pasupathy S, Goodson G, et al. Measurement and Analysis of Large-Scale Network File System Workloads. [C]// Usenix Technical Conference, Boston, Ma, USA, June 22-27, 2008. Proceedings. 2008: 213-226.

[82] Leung A W, Shao M, Bisson T, et al. Spyglass: Fast, Scalable Metadata Search for Large-Scale Storage Systems. [C]// Usenix Conference on File and Storage Technologies, February 24-27, 2009, San Francisco, Ca, USA. Proceedings. 2009:153-166.

[83] Lillibridge M, Eshghi K, Bhagwat D, et al. Sparse Indexing: Large Scale, Inline Deduplication Using Sampling and Locality. [C]// Usenix Conference on File and Storage Technologies, February 24-27, 2009, San Francisco, Ca, USA. Proceedings. 2009:111-123.

[84] Makatos T, Klonatos Y, Marazakis M, et al. Using transparent compression to improve SSD-based I/O caches[C]// European Conference on Computer Systems, Proceedings of the, European Conference on Computer Systems, EUROSYS 2010, Paris, France, April. 2010:1-14.

[85] Meyer D T, Bolosky W J. A Study of Practical Deduplication. [J]. Acm Transactions on Storage, 2012, 7(4):1-1.

[86] Muthitacharoen A, Chen B, Mazi&♯, et al. A low-bandwidth network file system[J]. Acm Sigops Operating Systems Review, 2001, 35(5):174-187.

[87] Prabhakaran V, Balakrishnan M, Davis J D, et al. Depletable storage systems[C]// Usenix Conference on Hot Topics in Storage and File Systems. USENIX Association, 2010:2-2.

[88] Sehgal P, Tarasov V, Zadok E. Evaluating performance and energy in file system server workloads[C]// Usenix Conference on File and Storage Technologies, San Jose, Ca, USA, February. 2010:19-19.

[89] Quinlan S, Dorward S. Venti: A New Approach to Archival Storage[C]// Conference on File and Storage Technologies. USENIX Association, 2002:89-101.

[90] Sivathanu M, Prabhakaran V, Arpaci-Dusseau A C, et al. Improving storage system availability with D-GRAID[C]// FAST 2004 Conference

on File and Storage Technologies，March 31-April 2，2004，Grand Hyatt Hotel，San Francisco，California，USA. 2004：15-30.

[91] Arpaci-Dusseau A C，Arpaci-Dusseau R H，Bairavasundaram L N，et al. Semantically-smart disk systems：past，present，and future[J]. Acm Sigmetrics Performance Evaluation Review，2006，33(4)：29-35.

[92] Sun G，Joo Y，Chen Y，et al. A Hybrid Solid-State Storage Architecture for the Performance，Energy Consumption，and Lifetime Improvement [J]. Emerging Memory Technologies，2010：1-12.

[93] Traeger B A，Joukov N，Wright C P，et al. A nine year study of file system and storage benchmarking [C]// ACM Transactions on Storage，2010.

[94] Yang Q，Xiao W，Ren J. TRAP-Array：A Disk Array Architecture Providing Timely Recovery to Any Point-in-time [J]. Computer Architecture News，2006，34(2)：289-301.

[95] Zhu B，Li K，Patterson H. Avoiding the disk bottleneck in the data domain deduplication file system[C]// Usenix Conference on File and Storage Technologies，FAST 2008，February 26-29，2008，San Jose，Ca，USA，2008：269-282.

[96] Mukherjee K，Khuller S，Deshpande A. Saving on cooling：the thermal scheduling problem[J]. Acm Sigmetrics Performance Evaluation Review，2012，40(1)：397-398.

[97] Clancy T，Clancy T. RIMAC：A novel redundancy-based hierarhical cache architecture for energy efficient，high performance storage systems[C]// In Proceedings of the EuroSys，2010.

[98] Ahmad F，Vijaykumar T N. Joint optimization of idle and cooling power in data centers while maintaining response time [J]. Acm Sigarch Computer Architecture News，2010，45(3)：243-256.

[99] Amur H，Cipar J，Gupta V，et al. Robust and flexible power-proportional storage[J]. The Proceeding of Socc'，2010：217-228.

[100] Thereska E，Donnelly A，Narayanan D. Sierra：Practical power-proportionality for data center storage[C]// European Conference on Computer Systems，Proceedings of the Sixth European Conference on Computer Systems，EUROSYS 2011，Alzburg，Austria-April，2011：169-182.

[101] Pinheiro E，Bianchini R，Dubnicki C. Exploiting redundancy to conserve

energy in storage systems[J]. Acm Sigmetrics Performance Evaluation Review, 2006, 34(1):15-26.

[102] Andersen D G, Franklin J, Kaminsky M, et al. FAWN: a fast array of wimpy nodes[C]// ACM Sigops, Symposium on Operating Systems Principles. ACM, 2009:1-14.

[103] Kaushik R T, Bhandarkar M, Nahrstedt K. Evaluation and Analysis of GreenHDFS: A Self-Adaptive, Energy-Conserving Variant of the Hadoop Distributed File System [C]// Cloud Computing, Second International Conference, CloudCom 2010, November 30-December 3, 2010, Indianapolis, Indiana, USA, Proceedings, 2010:274-287.

[104] Amur H, Schwan K. Achieving Power-Efficiency in Clusters without Distributed File System Complexity [M]// Computer Architecture. Springer Berlin Heidelberg, 2010:222-232.

[105] Shvachko K, Kuang H, Radia S, et al. The Hadoop Distributed File System [C]// IEEE, Symposium on MASS Storage Systems and Technologies. IEEE Computer Society, 2010:1-10.

[106] Luiz B. André Barroso and Urs Hölzle. The case for energy proportional computing[C]// IEEE Computer. 2010:33-37.

[107] Huang P, Zhou K, Wang H, et al. BVSSD: build built-in versioning flash-based solid state drives[C]// International Systems and Storage Conference. ACM, 2012:1-12.

[108] Leverich J, Kozyrakis C. On the energy (in)efficiency of Hadoop clusters [J]. Acm Sigops Operating Systems Review, 2010, 44(1):61-65.

[109] Narayanan D, Donnelly A, Rowstron A. Write off-loading: practical power management for enterprise storage[C]// Proceedings of the 6th USENIX Conference on File and Storage Technologies. USENIX Association, 2008:256-267.

[110] Harnik D, Naor D, Segall I. Low power mode in cloud storage systems [J]. 2009:1-8.

[111] Sehgal P, Tarasov V, Zadok E. Evaluating performance and energy in file system server workloads [C]// Usenix Conference on File and Storage Technologies, San Jose, Ca, USA, February, 2010:19.

[112] Wei J, Jiang H, Zhou K, et al. MAD2: A scalable high-throughput exact deduplication approach for network backup services[C]// IEEE, Symposium on MASS Storage Systems and Technologies. IEEE

Computer Society, 2010:1-14.

[113] Caulfield A M, Grupp L M, Swanson S. Gordon: using flash memory to build fast, power-efficient clusters for data-intensive applications[J]. Acm Sigplan Notices, 2009, 44(3):217-228.

[114] Trushkowsky B, Bodik P, Fox A, et al. The SCADS director: scaling a distributed storage system under stringent performance requirements [C]// Usenix Conference on File and Storage Technologies, San Jose, Ca, USA, February,2011:163-176.

[115] Rock M, Poresky P. shorten your backup window[J]. Storage Magazine, 2005.

[116] Chervenak A L, Vellanki V, Kurmas Z. Protecting File Systems: A Survey of Backup Techniques[C]// Joint Nasa & IEEE Mass Storage Conference,1998.

[117] Duzy G. match snaps to apps[J]. Storage Magazine, 2005.

[118] Patterson D A. Availability and Maintainability Performance: New Focus for a New Century [C]// Conference on File and Storage Technologies. 2002.

[119] Keeton K, Santos C, Beyer D, et al. Designing for Disasters. [C]// FAST 2004 Conference on File and Storage Technologies, March 31-April 2, 2004, Grand Hyatt Hotel, San Francisco, California, USA, 2004:59-72.

[120] Damoulakis J. continuous protection[J]. Storage Magazine, 2004.

[121] 王树鹏, 云晓春, 郭莉. 重复数据删除技术的发展综述[J]. 信息技术快报, 2011.

[122] Laden G, Ta-Shma P, Yaffe E, et al. Architectures for Controller Based CDP. [C]// Usenix Conference on File and Storage Technologies, FAST 2007, February 13-16, 2007, San Jose, Ca, USA,2007:107-121.

[123] Zhu N, Chiueh T C. Portable and Efficient Continuous Data Protection for Network File Servers[C]// IEEE/ifip International Conference on Dependable Systems and Networks. IEEE Computer Society, 2007: 687-697.

[124] Yang Q, Xiao W, Ren J. TRAP-Array: A Disk Array Architecture Providing Timely Recovery to Any Point-in-time [J]. Computer Architecture News, 2006, 34(2):289-301.

[125] Li X, Xie C, Yang Q. Optimal Implementation of Continuous Data Protection (CDP) in Linux Kernel[C]// International Conference on

Networking，Architecture，and Storage，2008：28-35.

[126] Lu M，Chiueh T. File Versioning for Block-Level Continuous Data Protection［C］// IEEE International Conference on Distributed Computing Systems，2009：327-334.

[127] Peterson Z，Burns R. Ext3cow：a time-shifting file system for regulatory compliance［J］. Acm Transactions on Storage，2005，1(2)：190-212.

[128] Huang P，Zhou K，Wu C. ShiftFlash：Make flash-based storage more resilient and robust［J］. Performance Evaluation，2011，68（11）：1193-1206.

致　　谢

首先要感谢我的博士生导师谢长生教授，本书源于我的博士论文。感谢读博期间谢老师对我的严格要求，他严谨的治学作风与谦虚的为人处世风格吸引着我、影响着我。学生无以为报，只能寄希望于自己在学术上有所建树。

其次感谢我的家人。感谢父母多年的养育之恩，我有了小孩后，又无怨无悔地帮我带小孩，感谢父母伟大的付出！感谢我的丈夫柯于辉，一直默默陪伴在我身边，在经济和家庭事务方面给予我极大的支持，让我在家庭与事业、理想与生活之间找到一个平衡点。

还要感谢我的同学黄平博士后，在实验开展和论文撰写等方面给予了我很大的帮助。同时感谢华中科技大学出版社的王汉江编辑与熊慧编辑，他们为本书的出版付出了艰辛的劳动！

李红艳

2017 年 1 月 9 日